城镇供水行业职业技能培训系列丛书

水表装修工
考试大纲及习题集

Water Meter Operator：Exam Outline and Exercise

南京水务集团有限公司　主编

中国建筑工业出版社

图书在版编目（CIP）数据

水表装修工考试大纲及习题集 = Water Meter Operator：Exam Outline and Exercise / 南京水务集团有限公司主编. — 北京 ：中国建筑工业出版社，2022.7

（城镇供水行业职业技能培训系列丛书）

ISBN 978-7-112-27441-3

Ⅰ.①水… Ⅱ.①南… Ⅲ.①城市供水—水表—技术培训—考试大纲②城市供水—水表—技术培训—习题集 Ⅳ.①TU991.63

中国版本图书馆 CIP 数据核字(2022)第 094853 号

为了更好地贯彻实施《城镇供水行业职业技能标准》CJJ/T 225—2016，并进一步提高供水行业从业人员职业技能，南京水务集团有限公司主编了《城镇供水行业职业技能培训系列丛书》。本书为丛书之一，以水表装修工岗位应掌握的知识为指导，由考试大纲、习题集和模拟试卷、参考答案等内容组成。

本书可用于城镇供水行业职业技能培训教学使用，也可作为行业职业技能大赛命题的参考依据。

责任编辑：胡明安　杜　洁　李　雪
责任校对：赵　菲

城镇供水行业职业技能培训系列丛书
水表装修工考试大纲及习题集
Water Meter Operator：Exam Outline and Exercise
南京水务集团有限公司　主编

*

中国建筑工业出版社出版、发行（北京海淀三里河路 9 号）
各地新华书店、建筑书店经销
北京红光制版公司制版
北京建筑工业印刷厂印刷

*

开本：787 毫米×1092 毫米　1/16　印张：10½　字数：259 千字
2022 年 7 月第一版　　2022 年 7 月第一次印刷
定价：**38.00** 元
ISBN 978-7-112-27441-3
(39086)

《城镇供水行业职业技能培训系列丛书》
编委会

主　　编： 单国平

副 主 编： 周克梅

审　　定： 许红梅

委　　员： 周卫东　周　杨　陈志平　竺稽声　戎大胜　祖振权
臧千里　金　陵　王晓军　李晓龙　赵　冬　孙晓杰
张荔屏　刘海燕　杨协栋　张绪婷

主编单位： 南京水务集团有限公司

参编单位： 江苏省城镇供水排水协会

本书编委会

主　　编： 赵　冬

副 主 编： 刘　力

参　　编： 肖子瑞　陆聪文　吴传龙

《城镇供水行业职业技能培训系列丛书》
序　　言

城镇供水，是保障人民生活和社会发展必不可少的物质基础，是城镇建设的重要组成部分，而供水行业从业人员的职业技能水平又是供水安全和质量的重要保障。1996年，中国城镇供水协会组织编制了《供水行业职业技能标准》，随后又编写了配套培训丛书，对推进城镇供水行业从业人员队伍建设具有重要意义。随着我国城市化进程的加快，居民生活水平不断提升，生态环境保护要求日益提高，城镇供水行业的发展迎来新机遇、面临更大挑战，同时也对行业从业人员提出了更高的要求。我们必须坚持人为本，不断提高行业从业人员综合素质，以推动供水行业的进步，从而使供水行业能适应整个城市化发展的进程。

2007年，根据原建设部修订有关工程建设标准的要求，由南京水务集团有限公司主要承担《城镇供水行业职业技能标准》的编制工作。南京水务集团有限公司，有近百年供水历史，一直秉承“优质供水、奉献社会”的企业精神，职工专业技能培训工作也坚持走在行业前端，多年来为江苏省内供水行业培养专业技术人员数千名。因在供水行业职业技能培训和鉴定方面的突出贡献，南京水务集团有限公司曾多次受省、市级表彰，并于2008年被人力资源和社会保障部评为“国家高技能人才培养示范基地”。2012年7月，由南京水务集团有限公司主编，东南大学、南京工业大学等参编的《城镇供水行业职业技能标准》完成编制，并于2016年3月23日由住房城乡建设部正式批准为行业标准，编号为CJJ/T 225—2016，自2016年10月1日起实施。该标准的颁布，引起了行业内广泛关注，国内多家供水公司对《城镇供水行业职业技能标准》给予了高度评价，并呼吁尽快出版《城镇供水行业职业技能标准》配套培训教材。

为更好地贯彻实施《城镇供水行业职业技能标准》，进一步提高供水行业从业人员职业技能，自2016年12月起，南京水务集团有限公司又启动了《城镇供水行业职业技能标准》配套培训系列丛书的编写工作。考虑到培训系列教材应对整个供水行业具有适用性，中国城镇供水排水协会对编写工作提出了较为全面且具有针对性的调研建议，也多次组织专家会审，为提升培训教材的准确性和实用性提供技术指导。历经两年时间，通过广泛调查研究，认真总结实践经验，参考国内外先进技术和设备，《城镇供水行业职业技能标准》配套培训系列丛书终于顺利完成编制，即将陆续出版。

该系列丛书围绕《城镇供水行业职业技能标准》中全部工种的职业技能要求展开，结合我国供水行业现状、存在问题及发展趋势，以岗位知识为基础，以岗位技能为主线，坚持理论与生产实际相结合，系统阐述了各工种的专业知识和岗位技能知识，可作为全国供水行业职工岗位技能培训的指导用书，也能作为相关专业人员的参考资料。《城镇供水行业职业技能标准》配套培训教材的出版，可以填补供水行业职业技能鉴定中新工艺、新技术、新设备的应用空白，为提高供水行业从业人员综合素质提供了重要保障，必将对整个供水行业的蓬勃发展起到极大的促进作用。

中国城镇供水排水协会

刘志琪

2018年11月20日

《城镇供水行业职业技能培训系列丛书》
前　　言

城镇供水行业是城镇公用事业的有机组成部分，对提高居民生活质量、保障社会经济发展起着至关重要的作用，而从业人员的职业技能水平又是城镇供水质量和供水设施安全运行的重要保障。1996年，按照国务院和劳动部先后颁发的《中共中央关于建立社会主义市场经济体制若干规定》和《职业技能鉴定规定》有关建立职业资格标准的要求，建设部颁布了《供水行业职业技能标准》，旨在着力推进供水行业技能型人才的职业培训和资格鉴定工作。通过该标准的实施和相应培训教材的陆续出版，供水行业职业技能鉴定工作日趋完善，行业从业人员的理论知识和实践技能都得到了显著提高。随着国民经济的持续、高速发展，城镇化水平不断提高，科技发展日新月异，供水行业在净水工艺、自动化控制、水质仪表、水泵设备、管道安装及对外服务等方面都发展迅速，企业生产运营管理也显著进步，这就使得职业技能培训和鉴定工作逐渐滞后于整个供水行业的发展和需求。因此，为了适应新形势的发展，2007年原建设部制定了《2007年工程建设标准规范制订、修订计划（第一批）》，经有关部门推荐和行业考察，委托南京水务集团有限公司主编《城镇供水行业职业技能标准》，以替代96版《供水行业职业技能标准》。

2007年8月，南京水务集团精心挑选50名具备多年基层工作经验的技术骨干，并联合东南大学、南京工业大学等高校和省住建系统的14位专家学者，成立了《城镇供水行业职业技能标准》编制组。通过实地考察调研和广泛征求意见，编制组于2012年7月完成了《城镇供水行业职业技能标准》的编制，后根据住房城乡建设部标准定额司、人事司及市政给水排水标准化技术委员会等的意见，进行修改完善，并于2015年10月将《城镇供水行业职业技能标准》中所涉工种与《中华人民共和国执业分类大典》（2015版）进行了协调。2016年3月23日，《城镇供水行业职业技能标准》由住房城乡建设部正式批准为行业标准，编号为CJJ/T 225—2016，自2016年10月1日起实施。

《城镇供水行业职业技能标准》颁布后，引起供水行业的广泛关注，不少供水企业针对《城镇供水行业职业技能标准》的实际应用提出了问题：如何与生产实际密切结合，如何正确理解把握新工艺、新技术，如何准确应对具体计算方法的选择，如何避免因传统观念陷入故障诊断误区，等。为了配合《城镇供水行业职业技能标准》在全国范围内的顺利实施，2016年10月，南京水务集团启动《城镇供水行业职业技能培训系列丛书》的编写工作。编写组在综合国内供水行业调研成果以及企业内部多年实践经验的基础上，针对目前供水行业理论和工艺、技术的发展趋势，充分考虑职业技能培训的针对性和实用性，历时两年多，完成了《城镇供水行业职业技能培训系列丛书》的编写。

《城镇供水行业职业技能培训系列丛书》一共包含了10个工种，除《中华人民共和国执业分类大典》（2015版）中所涉及的8个工种，即自来水生产工、化学检验员（供水）、供水泵站运行工、水表装修工、供水调度工、供水客户服务员、仪器仪表维修工（供水）、供水管道工之外，还有《中华人民共和国执业分类大典》中未涉及但在供水行业中较为重要的泵站机电设备维修工、变配电运行工 2 个工种。

《城镇供水行业职业技能培训系列丛书》在内容设计和编排上具有以下特点：（1）整体分为基础理论和基本知识、专业知识和操作技能、安全生产知识共三大部分，各部分占比约为 3∶6∶1；（2）重点介绍国内供水行业主流工艺、技术、设备，对已经过时和应用较少的技术及设备只作简单说明；（3）重点突出岗位专业技能和实际操作，对理论知识只讲应用，不作深入推导；（4）重视信息和计算机技术在各生产岗位的应用，为智慧水务的发展奠定基础。《城镇供水行业职业技能培训系列丛书》既可作为全国供水行业职工岗位技能培训的指导用书，也能作为相关专业人员的参考资料。

《城镇供水行业职业技能培训系列丛书》在编写过程中，得到了中国城镇供水排水协会的指导和帮助，刘志琪秘书长对编写工作提出了全面且具有针对性的调研建议，也多次组织专家会审，为提升培训教材的准确性和实用性提供了技术指导；东南大学张林生教授全程指导丛书编写，对每个分册的参考资料选取、体量结构、理论深度、写作风格等提出大量宝贵的意见，并作为主要审稿人对全书进行数次详尽的审阅；中国生态城市研究院智慧水务中心高雪晴主任协助编写组广泛征集意见，提升教材适用性；深圳水务集团、广州水投集团、长沙水业集团、重庆水务集团、北京市自来水集团、太原供水集团等国内多家供水企业对编写及调研工作提供了大力支持，值此《城镇供水行业职业技能培训系列丛书》付梓之际，编写组一并在此表示最真挚的感谢！

《城镇供水行业职业技能培训系列丛书》编写组水平有限，书中难免存在错误和疏漏，恳请同行专家和广大读者批评指正。

南京水务集团有限公司

2019 年 1 月 2 日

前　言

本书是《水表装修工基础知识与专业务实》的配套用书，由考试大纲、习题集、参考答案等内容组成。

本书的内容设计和编排有以下特点：1. 考试大纲深入贯彻《城镇供水行业职业技能标准》CJJ/T 225—2016，具备行业权威性；2. 习题集对照《水表装修工基础知识与专业务实》进行编写，针对性和实用性强；3. 习题内容丰富，形式灵活多样，有利于提高学员学习兴趣；4. 习题集力求循序渐进，由浅入深，整体理论难度适中，重点突出实践，方便教学安排和学员理解掌握。

本书可用于城镇供水行业职业技能培训教学使用，也可作为行业职业技能大赛命题的参考依据和供水从业人员学习的参考资料。

本书在编写过程中，得到了多位同行专家和高校老师的热情帮助和支持，特此致谢！由于编者水平有限，不妥与错漏之处在所难免，恳请读者批评指正。

编写组

2022年1月

目　　录

第一部分　考试大纲 …… 1
职业技能五级水表装修工考试大纲 …… 3
职业技能四级水表装修工考试大纲 …… 4
职业技能三级水表装修工考试大纲 …… 5
第二部分　习题集 …… 7
第 1 章　计量管理 …… 9
第 2 章　电工与电子学基础 …… 19
第 3 章　机械基础 …… 24
第 4 章　工程材料基础知识 …… 35
第 5 章　水力学基础知识 …… 43
第 6 章　水表及其技术要求 …… 47
第 7 章　电子水表及远传输出装置 …… 61
第 8 章　水表检测设备 …… 68
第 9 章　水表零件成型与检验 …… 75
第 10 章　水表安装与维护 …… 83
第 11 章　水表检定（生产）管理 …… 89
第 12 章　安全生产知识 …… 94
水表装修工（五级 初级工）理论知识试卷 …… 98
水表装修工（四级 中级工）理论知识试卷 …… 105
水表装修工（三级 高级工）理论知识试卷 …… 112
水表装修工（五级 初级工）操作技能试题 …… 119
水表装修工（四级 中级工）操作技能试题 …… 122
水表装修工（三级 高级工）操作技能试题 …… 124
第三部分　参考答案 …… 129
第 1 章　计量管理 …… 131
第 2 章　电工与电子学基础 …… 133
第 3 章　机械基础 …… 135
第 4 章　工程材料基础知识 …… 137
第 5 章　水力学基础知识 …… 139
第 6 章　水表及其技术要求 …… 141
第 7 章　电子水表及远传输出装置 …… 143
第 8 章　水表检测设备 …… 145
第 9 章　水表零件成型与检验 …… 147

第 10 章　水表安装与维护 …… 149
第 11 章　水表检定（生产）管理 …… 151
第 12 章　安全生产知识 …… 152
水表装修工（五级 初级工）理论知识试卷参考答案 …… 154
水表装修工（四级 中级工）理论知识试卷参考答案 …… 155
水表装修工（三级 高级工）理论知识试卷参考答案 …… 156

第一部分　考试大纲

职业技能五级水表装修工考试大纲

1. 掌握工量具的安全使用方法
2. 了解电路、电流及其电磁的基本知识
3. 熟悉金属与非金属材料的基本性能
4. 了解有关水的主要特性及其力学知识
5. 了解安全生产基本法律法规及其安全生产事故的管理
6. 了解简单机械制图规定
7. 了解计量法和计量基础知识
8. 熟悉水表常用塑料和金属代号
9. 熟悉速度式（旋翼式、螺翼式）、湿式和干式水表特点
10. 了解水表国家标准，熟悉水表检定要求
11. 了解水表生产环境要求
12. 能识读简单水表零件图
13. 能维护保养水表检定装置
14. 能使用法定计量单位和水表示值进行误差计算
15. 能使用游标类量具、极限量规测量一般水表零件
16. 能区分水表常用材料，识别水表型号
17. 能进行水表检定

职业技能四级水表装修工考试大纲

1. 掌握本工种安全操作规程
2. 熟悉欧姆定律以及电阻的串联、并联的相关知识
3. 掌握金属加工的方法及其优缺点
4. 掌握伯努利方程及其相关知识
5. 了解安全生产基本法律法规及其安全生产事故的管理
6. 熟悉机械制图规定
7. 了解水表型评要求
8. 熟悉水表主要零件的机械结构
9. 了解公差与配合知识
10. 了解水表中常用材料特性
11. 了解速度式水表计量原理
12. 熟悉机械式水表全性能检定方法
13. 熟悉水表流量误差控制的基本手段
14. 了解水表试验装置的原理和结构组成
15. 熟悉水表检定过程控制
16. 能识读水表零件图和工艺文件
17. 了解计量标准和授权考核要求
18. 能使用测微类量具测量较复杂零件
19. 能检查水表检定装置完好性，并进行日常保养
20. 能识别旋翼式、螺翼式、复式水表，机械式水表与带电子装置水表
21. 了解电子类水表特性和智能水表特性
22. 能拆装字轮式计数器
23. 能进行同心度、齿轮跳动度测量
24. 能进行机械水表出厂校准
25. 能用计时法现场估算水表瞬时流量

职业技能三级水表装修工考试大纲

1. 掌握本工种安全操作规程
2. 掌握安培定则及其磁场的相关知识
3. 掌握水表中所用塑料的基本特性及其常用塑料的简单鉴别
4. 掌握如何判明流态（雷诺数）以及流动中局部损失的相关知识
5. 了解安全生产基本法律法规及其安全生产事故的管理
6. 掌握机械制图规定
7. 了解常用机械加工工艺知识
8. 了解水表上常用材料特性及成型特点
9. 熟悉计量法和计量基础知识
10. 熟悉各种水表试验装置结构原理
11. 熟悉公差与配合知识和常用量具与测量知识
12. 熟悉水表标准、型评大纲和水表检定规程
13. 了解质量控制的基本方法，以及在水表生产中的应用
14. 了解水表生产企业工艺管理
15. 熟悉水表检定质量控制，会编制工艺文件
16. 能识读水表零件图和装配图，能绘制简单水表零件图
17. 能根据被测对象的特点，选择适宜的量具，熟练进行测量工件
18. 能检查水表检定装置和试压装置完好性，并排除常见故障
19. 熟悉电子类水表特性和智能水表特性
20. 能辨别水表塑料件成型缺陷
21. 了解塑料件成型工艺
22. 对不能直接测量的尺寸，能设计二类工具进行零件测量
23. 能评估水表安装现场环境是否满足要求
24. 能进行带电子装置水表出厂性能测试
25. 能作水表常见故障分析判断

第二部分　习题集

第1章　计　量　管　理

一、单选题

1. 历史上的“度、量、衡”中的“衡”是关于(　　)的测量。

A　质量　　B　长度　　C　容积　　D　时间

2. 10000L 等于(　　)m^3。

A　1　　B　10　　C　100　　D　1000

3. 在法制计量工作中，实验室的计量标准器的考核属于(　　)。

A　计量立法　　B　计量器具的控制

C　测量结果的管理　　D　计量标准的建立

4. 用量器测量两个容器内的水量，第一个容器 250m^3，第二个容器 1000m^3，两个容器中的绝对误差相同，那么(　　)测量精度较高。

A　第一个容器　　B　第二个容器　　C　两个相同　　D　不确定

5. 一只 DN15 水表，在示值误差的检定中，分界流量 3 次的误差值分别为 2.1%、1.3%、1.1%，下列表述正确的是(　　)。

A　平均误差为 1.5%，此流量误差合格　　B　平均误差为 1.5%，此流量误差不合格

C　需要再做 3 遍方能判定是否合格　　D　第一次为 2.1%，即判定为不合格

6. 引用误差是指计量器具的绝对误差与特定值之比，特定值一般称为引用值，它是计量器具的(　　)。

A　说明书上的常用值　　B　标称范围的 1/2

C　标称范围的 2/3　　D　量程

7. 测量误差等于(　　)。

A　测量量值—参考量值　　B　测量量值—标准量值

C　参考量值—测量量值　　D　标准量值—测量量值

8. 在测量领域，某给定特定量（确定的、特殊的、规定的量）的误差，根据其表示方法不同，可分为三类误差，下列不属于该种分类的是(　　)。

A　绝对误差　　B　相对误差　　C　随机误差　　D　引用误差

9. 最后结论的合成标准不确定度或扩展不确定度，其有效数字很少超过(　　)位数，中间计算过程的不确定度，可以多取一位。

A　1　　B　2　　C　3　　D　4

10. 法制计量是计量的一部分，即与法定计量机构所执行工作有关的部分，它不应涉及(　　)。

A　绩效考核　　B　计量单位　　C　测量方法　　D　测量设备

11. 测量是以(　　)为目的的一组操作（该操作可以是自动进行的）。

A　追求准确　　B　确定量值　　C　科学分析　　D　实用

12. 在测量的过程中，不可避免地存在对测量结果有影响的因素，下列(　　)不属于测量误差来源。

A　仪器　　B　人员　　C　管理　　D　方法

13. 按照误差的特点和性质，误差可分为三类，下列不属于该分类的是(　　)。

A　相对误差　　B　系统误差　　C　随机误差　　D　粗大误差

14. 在一定的测量条件下，超出规定条件下的预期误差属于误差中的(　　)。

A　系统误差　　B　随机误差　　C　粗大误差　　D　相对误差

15. 为了描写测量的(　　)的分散程度，统计学中通常使用标准偏差 σ。

A　系统误差　　B　随机误差　　C　粗大误差　　D　相对误差

16. 一个数的误差绝对值不大于该数的末位单位的 1/2，则从该数的第一个非零数字到末知数字的全部数字，称为该数的(　　)。

A　确定数字　　B　有效数字　　C　存疑数字　　D　可靠数字

17. (　　)不属于测量不确定度产生的原因。

A　随机效应　　B　系统效应

C　管理效应　　D　数据处理中的修约

18. 法制计量工作包括计量立法、(　　)、测量结果的管理。

A　计量器具的控制　　B　计量人员的管理

C　计量法规的制定　　D　实验室的计量认证

19. 非强制检定计量器具的管理工作正确的是(　　)。

A　必须定点由法定计量检定机构检定　　B　必须定期由法定计量检定机构检定

C　事业单位使用的最高计量器具　　D　按照“经济合理、就地就近”的原则

20. 仪器设备中因读数分辨率不高引入的读数误差来源属于(　　)。

A　仪器误差　　B　环境误差　　C　方法误差　　D　人员误差

21. 下列不属于计量特点的是(　　)。

A　科学性　　B　准确性　　C　溯源性　　D　法制性

22. 国际上趋向于把计量分为科学计量、工程计量和(　　)三类。

A　数学计量　　B　企业计量　　C　法制计量　　D　其他计量

23. 在不确定度评定中，首先要确定标准不确定度。它是以(　　)表示的测量不确定度。

A　标准偏差　　B　实验标准偏差　　C　科学标准偏差　　D　平均值

24. 测量结果的总的不确定度称为(　　)。

A　标准不确定度　　B　扩展不确定度

C　合成标准不确定度　　D　综合不确定度

25. 标准不确定度 B 类评定方法中，不属于不确定度分量的有关信息或资料的是(　　)。

A　之前的观测数据　　B　生产部门提供的技术说明文件

C　校准证书　　D　产品合格证

26. 校准证书、检定证书或其他证件、文件所提供的数据得到的不确定度分量属

于(　　)。

A　标准不确定度 A 类评定　　B　标准不确定度 B 类评定

C　合成标准不确定度 A 类评定　　D　合成标准不确定度 B 类评定

27. 通常将合成标准不确定度，用字母表示为(　　)。

A　u　　B　U　　C　u_c　　D　u_A

28. 合成不确定度与一个大于 1 的数字因子的乘积，通常称为(　　)。

A　标准不确定度 A 类评定　　B　标准不确定度 B 类评定

C　综合不确定度　　D　扩展不确定度

29. 在不确定度的计算中，$y=x_1+x_2$，x_1 与 x_2 不相关，$u(x_1)=2$，$u(x_2)=3$，其合成标准不确定度 $u_c(y)=$(　　)。

A　$\sqrt{5}$　　B　$\sqrt{6}$　　C　$\sqrt{13}$　　D　$\sqrt{26}$

30. 在不确定度评定中，常常需要对输入量的概率分布作出估计，在缺乏可供判断的信息的情况下，一般估计为(　　)较为合理。

A　矩形分布　　B　三角分布　　C　两点分布　　D　正态分布

31. 不确定度的 B 类评定方法属于(　　)。

A　扩展不确定度　　B　合成不确定度　　C　标准不确定度　　D　A 和 B

32. 不确定度常用于(　　)。

A　检定证书　　B　校准证书

C　计量标准技术报告　　D　B+C

33. 在质量管理的常用统计方法中，排列图法对不合格原因的分析中，常以纵坐标表示(　　)。

A　不合格发生的频率　　B　影响质量的各因素

C　不同人员　　D　不同环境

34. 在质量管理的常用统计方法中，排列图法对不合格原因的分析中，常以横坐标表示(　　)。

A　不合格发生的频率　　B　影响质量的各因素

C　不合格发生的概率　　D　不合格发生累计百分数

35. 在质量管理的常用统计方法中，常称作鱼刺图的是(　　)。

A　排列图法　　B　分层图法　　C　直方图法　　D　因果分析法

36. 在质量管理的常用统计方法中，常用的因果分析法，是从六个方面分析影响质量的最大原因，(　　)不属于其中。

A　人员　　B　设备　　C　地点　　D　方法

37. 通过分类，把性质不同的数据、错综复杂质量影响的因素理出头绪，便于找出问题的原因，这种质量管理的常用统计方法是(　　)。

A　排列图法　　B　因果分析法　　C　分层法　　D　控制图法

38. 质量管理常用统计方法中的分层法，一般可按照六种标志进行分类，下列不属于这些标志的是(　　)。

A　不同时间　　B　不同地点　　C　不同人员　　D　不同方法

39. 质量控制统计方法中，排列图法又称为(　　)。

A　鱼刺法　　　　B　分层法

C　直方图法　　　　D　主次因素分析法

40. 对于发生的质量问题，累计频率 0～80%定为 A 类问题，即主要问题，进行重点管理；将累计频率在 80%～90%区间的问题定为 B 类问题，即次要问题，进行次重点管理；将其余累计频率在 90%～100%区间的问题定为 C 类问题，即一般问题，按照常规适当加强管理。以上方法称为(　　)。

A　直方图法　　B　分层法　　C　排列图法　　D　因果分析法

41. 在质量管理的常用统计方法中，通过抽检所得的偏差、缺陷、不合格等质量问题的统计数据，可采用(　　)进行状况描述。

A　分层法　　B　鱼刺法　　C　直方图法　　D　排列图法

42. 将收集到的质量数据进行分组整理，绘制成频数分布的(　　)，是描述质量分布状态的一种分析方法。

A　分层图　　B　鱼刺图　　C　直方图　　D　排列图

43. 某水表销售公司对客户的来访及投诉资料进行整理与分析，力求找出存在的问题，最适宜的分析工具是(　　)。

A　分层法　　B　鱼刺法　　C　直方图法　　D　排列图法

二、多选题

1. 计量的特点概括地说，可归纳为(　　)。

A　准确性　　　　B　一致性

C　公平性　　　　D　溯源性

E　法制性

2. 计量的准确性，是指在一定的(　　)的准确性，否则测量的质量就无从判断，量值也就不具备充分的实用价值。

A　时间　　　　B　地点

C　不确定度　　　　D　误差极限

E　允许误差范围

3. 计量的一致性是指在统一计量单位的基础上，无论(　　)，只要符合有关要求，其测量结果就应在给定的区间内有其一致性。

A　时间、地点　　　　B　环境条件

C　方法　　　　D　计量器具

E　操作人员

4. 计量的溯源性正确的表述有(　　)。

A　量值出于多源

B　最终溯源至同一个计量基准

C　自下而上通过不间断校准而构成的溯源体系

D　自上而下通过逐级检定而构成的检定系统

E　是指任何一个测量结果都能通过一条具有规定不确定度的连续比较链，与计量基准联系起来

5. 当前国际上趋向把计量按类分为(   )。

A 民生计量　　B 贸易计量

C 科学计量　　D 工程计量

E 法制计量

6. 计量管理是指协调(   )之间的关系，但它绝不仅限于计量器具的管理，而是内容丰富的一门管理科学。

A 计量科学　　B 计量技术

C 计量经济　　D 计量方法

E 计量法制

7. 计量器具的控制包括(   )。

A 首次检定　　B 后续检定

C 二次校准　　D 使用中检查

E 型式评价

8. 法制计量工作包括(   )。

A 计量标准　　B 计量立法

C 计量器具的控制　　D 计量规程

E 测量结果的管理

9. 计量立法包括有(   )。

A 《中华人民共和国计量法》的制定

B 各种计量法规和规章的制定

C 计量标准器考核

D 计量器具的首次检定、后续检定和使用中检查

E 计量器具的型式批准

10. 测量结果的管理包括(   )。

A 对计量实验室的法定要求　　B 对实验室的计量认证

C 计量标准器考核　　D 定量包装商品等商品量的监督管理

E 计量检定规程的编制

11. 下列有关计量法的说法正确的是(   )。

A 我国采用国家单位制，计量检定工作应当按照经济合理、就地就近的原则进行

B 国家计量基准是统一全国量值的最高标准，其由国务院计量行政部门负责批准和颁发证书

C 县级以上地方人民政府计量行政部门，根据本地区需要建立本行政区域内社会公用计量标准，它具有公证作用，其数据具有权威性和法律效力

D 强制检定是指计量标准器具必须定期定点地由法定的或权威的计量检定机构检定

E 非强制检定的计量器具必须由使用单位自行定期，由当地法定计量机构检定

12. 强制检定是指计量标准器具或工作计量器具必须定期定点地由法定的或授权的计量检定机构检定，用于(   )等方面列入计量器具强制检定目录的工作计量器具，属于强制检定的计量器具。

A 贸易结算　　B 本单位的物料计量装置

C　医疗卫生　　　　D　环境检测

E　安全防护

13. 属于强制检定的计量器具的范围有(　　)。

A　用于公共贸易结算的汽车加油机　　　　B　生产物料用的水表

C　用于公共贸易结算的水表　　　　D　用于公共贸易结算的电表

E　用于公共贸易结算的燃气表

14. 下列有关法定计量单位使用正确的有(　　)。

A　质量的单位名称：千克（公斤），其中圆括号内的名称是它前面名称的同义词，即 1 千克=1 公斤

B　力的单位名称：牛【顿】，方括号中的字，在不引起混淆、误解的情况下，可以省略；其单位符号为 N

C　摄氏温度的单位名称：摄氏度；单位符号为℃。日常生活中 20℃可以表述为 20 摄氏度，也可以表述为摄氏 20 度

D　压力、压强、应力的单位名称：帕【斯卡】；其单位符号为 MPA

E　非国际单位制单位中，体积的单位名称：升，其单位符号为 L（l），$1000L=1m^3$

15. 下列属于国际单位制基本单位的是(　　)。

A　长度，米　　　　B　质量，千克

C　时间，秒　　　　D　摄氏温度，摄氏度

E　力，牛

16. 根据误差的表示方法不同，可分为(　　)。

A　系统误差　　　　B　绝对误差

C　随机误差　　　　D　相对误差

E　引用误差

17. 在误差来源中，由于仪器设备本身性能不完善所产生的误差包括(　　)。

A　仪器本身带有的误差　　　　B　仪器仪表的校准误差

C　温度、湿度对仪器产生的误差　　　　D　刻度不清导致的误差

E　刻度的读数分辨率不高引入的误差

18. 误差的来源主要有(　　)。

A　仪器设备的误差　　　　B　环境误差

C　方法误差　　　　D　管理措施误差

E　人为误差

19. 系统误差具有(　　)的性质。

A　积累性　　　　B　抵消性

C　传递性　　　　D　规律性

E　随机性

20. 在误差的合成中，当局部误差只知道大小，不知道其符号，应使用(　　)。

A　代数合成法　　　　B　算术合成法

C　绝对值合成法　　　　D　几何综合法

E　加权平均综合法

21. 按照误差的特点和性质，误差可分为(　　)。

A　绝对误差　　B　相对误差

C　系统误差　　D　随机误差

E　粗大误差

22. 下列数字中，三位有效数字的有(　　)。

A　1.00　　B　0.60041

C　0.604　　D　1.604

E　1.61

23. 在间接测量中，各被测量的误差，即局部误差与最后结果总误差之间相互关系的问题，称为误差的传递，它包括(　　)。

A　误差的产生　　B　误差的计算

C　误差的合成　　D　误差的分配

E　最佳方案的选择

24. 误差的合成主要有(　　)等几种方法。

A　代数合成法　　B　算术平均法

C　算术合成法　　D　几何综合法

E　综合分析法

25. 仪器的不确定度，是由所用的(　　)引起的测量不确定度的分量。

A　测量仪器　　B　测量人员

C　测量方法　　D　测量环境

E　测量系统

26. 用 B 类方法得到的不确定度分量的估计方差是根据(　　)已知的有关信息或资料评定的。

A　生产部门提供的技术说明文件

B　校准证书、检定证书或其他证书、文件所提供的数据（或准确度等级）

C　重复观测数据

D　以前的观测数据

E　手册或某些资料给出的参考数据及其不确定度

27. 下列不确定度的表述中正确的有(　　)。

A　在不确定度评定中，可以先确定标准不确定度，也可以直接计算合成标准不确定度

B　扩展不确定度＝合成标准不确定度×不大于 1 的数字因子

C　标准不确定度是以一组测量数据的标准偏差表示的

D　重复性及再现性测量中，平均值是作为被测量的估计值，即近似真值

E　计算合成标准不确定度时，首先要确定各个输入量的标准不确定度，然后按方差合成的方法进行计算，开方后得到合成标准不确定度

28. GUM 法评定测量不确定度的一般流程有(　　)。

A　分析不确定度来源和建立测量模型　　B　评定标准不确定度

C　计算合成标准不确定度　　D　确定扩展不确定度

E　报告测量结果

29. 用启停法检定旋翼式水表时，对水表示值误差的测量不确定度评定分析中，下列影响因素属于B类评定的是(　　)。

A　测量重复性
B　水压对水表的影响
C　水温对水体积的影响
D　水温对工作量器的影响
E　水表检定装置

30. 质量管理的常用统计方法中，分层法一般按照(　　)进行分类。

A　不同时间
B　不同地点
C　不同操作人员
D　不同设备
E　不同检测手段

31. 下列与水表检定有关说法正确的有(　　)。

A　建标考核涉及不确定度评定
B　水表示值误差是相对误差
C　转子流量计误差是引用误差
D　水温度计误差是绝对误差
E　水表准确度等级与水表误差要求无关

32. 下列有关计量知识表述正确的有(　　)。

A　居民本月用水量30度
B　水表检定流量边界数值不适用四舍五入
C　没有真值，通常使用约定真值
D　计量器具常用不确定度或最大允许误差或准确度等级表述精准程度
E　水表检定装置准确度等级是0.2%

三、判断题

(　　) 1. 计量是实现单位统一、量值准确可靠的活动。

(　　) 2. 计量的分类中，法制计量是代表政府起主导作用的社会活动。

(　　) 3. 量值溯源与传递，包括检定、校准、测试、检验与检测。

(　　) 4. 计量的一致性是指，在统一的计量单位的基础上，无论在何时何地采取何种方法、使用何种计量器具，以及由何人测量，只要符合有关的要求，其测量结果就应在给定的区间内有其一致性。

(　　) 5. 绝对误差即是所获得结果减去被测量的真值。

(　　) 6. 相对误差即是绝对误差与被测量的约定真值之比。

(　　) 7. 对在规定测量条件下测量的量值用统计分析的方法进行的测量不确定度分量的评定，称为标准不确定度的A类评定。

(　　) 8. 用不同于测量不确定度A类评定的方法对测量不确定度分量进行评定，称为测量不确定度B类评定。

(　　) 9. 产生测量不确定度的原因很多，其中包括测量过程中的随机效应和系统效应，数据处理中的修约等。

(　　) 10. 计量的核心实质上是对测量结果及其有效性、可靠性的确认，否则就失去了其社会意义。计量的一致性不限于中国，也适用于全球。

(　　) 11. 算术平均数，一般可分为简单算术平均数和加权算术平均数两种类型，其中加权算术平均数主要是用于处理经分组整理的数据。

（　　）12. 测量结果的总的不确定度称为合成标准不确定度，表示为 u_c。

（　　）13. 质量管理的常用统计方法中，分层法也叫分类法，它将收集来的质量数据按照一定的标志，把性质相同的归为一类。这样可使数据所反映的原因和责任更加明确、清晰，做到对症下药。

（　　）14. 控制图法中控制界限就是判明生产过程是否存在异常因素的基准，用“三倍标准偏差法”来确定控制界限。

四、问答题

1. 国际单位制的基本单位有哪些？至少写出五种基本单位的量的名称、单位名称和单位符号。

2. 水温温度计连续测量10次结果如下：12.1℃、12.2℃、12.3℃、12.0℃、11.9℃、11.9℃、12.1℃、12.2℃、11.8℃、12.5℃，已知该温度计的测量范围为0～100℃，求再次测量结果为11.9℃的绝对误差和引用误差各是多少？

3. 检测单位对某品牌手机重量进行10次称重检验，其结果是180.85g、180.82g、180.80g、180.90g、180.84g、180.88g、180.92g、180.85g、180.80g、180.82g。问该手机重量的算数平均数是多少？

4. 测量水表 Q_2 流量下的示值误差，其10遍数据结果如下：1.16%、0.85%、0.81%、1.14%、0.90%、0.87%、0.84% 、0.85%、0.85%、0.82%。其实验标准偏差为多少？

5. 水表的标准不确定度评定时，被检水表分辨力（如下图）的不确定度计算中，考虑其均匀分布，则被检水表分辨力的标准不确定度分量为多少？

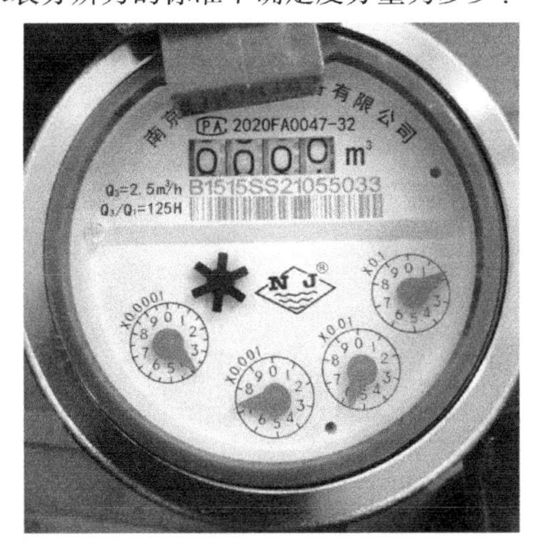

6. 以启停法对旋翼式水表进行检定时，对水表示值误差的测量不确定度进行的评定分析中，影响检定结果的因素有哪些？至少写出五种。

7. 质量管理的常用统计方法因果分析法，又称鱼刺图，通常有六大方面的质量影响因素，该方法就是通过分析，找出其中影响质量的最大因素。请列举出是哪六大因素。

8. 质量管理的常用统计方法直方图，即频数分布直方图法，是将收集的质量数据进行分组整理，绘制成频数分布直方图，用以描绘质量分布状态的一种分析方法，请写出具体的绘制步骤。

9. 水表示值误差检定，水表始 150.25L、末 160.35L，量筒水量 10L，计算该表分界流量示值的相对误差和绝对误差。

10. 可以表示计量器具测量能力的除量程外还有什么指标?

第2章　电工与电子学基础

一、单选题

1. 电路中熔丝是主要用来执行(　　)任务的。

A　连通　　B　短路　　C　保护　　D　断路

2. 下列电工图形中，表示开关的是(　　)。

A　　B　　C　G　　D

3. 电流单位的名称是安培，简称安，而电量的单位名称用(　　)字母表示。

A　A　　B　B　　C　C　　D　D

4. 电场力把单位正电荷从电场中 a 点移动到 b 点所做的功称为 a、b 两点间的电压，它的单位是(　　)，用符号(　　)表示。

A　安培，A　　B　瓦特，W　　C　开尔文，K　　D　伏特，V

5. 电压常用单位有 V、kV、mV 和μV，其中 1V 等于(　　)μV。

A　10　　B　10^3　　C　10^6　　D　10^9

6. 串联电路中的总电流等于(　　)。

A　各电阻的电流之和　　B　各电阻电流之和的倒数

C　任一电阻的电流　　D　各电阻电流倒数之和

7. 在分析电路中，常用一个电阻来表示几个电阻的串联，这个电阻叫作(　　)。

A　等效电阻　　B　等位电阻　　C　标准电阻　　D　标定电阻

8. 串联电路中的总电压等于(　　)。

A　各电阻两端电压之和　　B　各电阻电压之和的倒数

C　任一电阻两端电压　　D　各电阻电压倒数之和

9. 磁体两端磁性最强的区域叫磁极，任何磁体都有两个磁极，若将磁针转动，待静止后指北的一端磁极叫北极，用(　　)表示。

A　M　　B　N　　C　B　　D　S

10. 磁场和电场一样是有方向的，在磁场中某点放一个能自由转动的小磁针，静止后(　　)极所指的方向，规定为该点的磁场方向。

A　M　　B　N　　C　B　　D　S

11. 将磁针转动，待静止时你会发现它会停止在南北方向上，此时磁针上的 N 指向(　　)。

A　上　　B　下　　C　南　　D　北

12. 将磁针转动，待静止时你会发现它会停止在南北方向上，此时磁针上的 S 指向(　　)。

A　上　　B　下　　C　南　　D　北

13. 磁场中某一点的磁场方向即为磁力线在该点的(　　)方向。

A　抛物线　　B　垂直　　C　水平　　D　切线

14. 磁场中磁力线的疏密程度与磁场的强弱密切相关，磁力线越密表示磁场越(　　)。

A　强　　B　弱　　C　不变　　D　不确定

15. 磁性只存在于一定温度内，高于一定温度时，磁性就会消失，如铁在(　　)以上时，就没有磁性，这一温度称为居里点。

A　100℃　　B　150℃　　C　427℃　　D　770℃

16. 在20℃时，长1m、截面积为$1m^2$的物体在一定温度下所具有的电阻值，叫作(　　)，单位为Ω·m。

A　电导率　　B　电阻率　　C　电阻　　D　电导

17. 电工学中下列选项中属于电容器图形符号的是(　　)。

A　(G)　　B　—□—　　C　—||—　　D　—⊟—

18. 电工学中，用统一规定的图形符号画出的电路模型图称为(　　)。

A　电路模型图　　B　电路图　　C　电器线路图　　D　电器图

19. 1820年丹麦物理学家奥斯特从实验中发现，放在通电导线附近的磁针会在受力后偏转向一个方向，这表明通电导线的周围存在磁场，电与磁场是密切联系的，改变电流方向，各点的磁场方向(　　)。

A　都会随之改变　　B　部分变化

C　不变　　D　随着电压大小变化

20. 磁感应强度的单位是(　　)。

A　特斯拉　　B　韦伯　　C　亨利每米　　D　安培每米

二、多选题

1. 不同的铁磁材料具有不同的磁滞回线，其剩磁和矫顽力是不相同的，因而其特性和用途也不相同，通常根据矫顽力的大小把铁磁材料分成(　　)三大类。

A　硬磁材料　　B　软磁材料

C　水磁材料　　D　方磁材料

E　矩磁材料

2. 电路的工作状态有(　　)。

A　过电流状态　　B　开路

C　通路　　D　短路

E　断路

3. 下列有关导体的电阻定律表述正确的有(　　)。

A　电阻阻值与导体的长度成正比

B　电阻阻值与导体的横截面积成正比

C　电阻阻值与导体的材料性质有关

D　电阻阻值与圆柱导体直径的平方成反比

E　随着温度降低，电阻阻值也随之降低

4. 下列表述中正确的有(　　)。

A　直流电压表、直流电流表、万用表以及交流电动机均是应用了磁场对通电线圈的作用这一原理制成的

B　铁磁物质之所以被磁化，是因为铁磁物质是由许多被称为磁畴的磁性小区域所组成

C　软磁材料磁导率高，易磁化，也易去磁

D　硬磁材料的剩磁和矫顽力均很大，不易磁化，也不易去磁，一旦磁化后能保持很强的剩磁

E　矩磁材料在很小的外磁场作用下就能磁化，一经磁化便达到饱和，去掉外磁，磁性仍能保持在饱和值

5. 将阻值较大的电阻 R_1 和 R_2 串联后，接入电压 U 恒定的电路，现用同一电压表依次测量 R_1 和 R_2 的电压，测量值分别为 U_1 和 U_2，已知电压表内阻与 R_1、R_2 的阻值相差不大，则以下说法正确的有(　　)。

A　$U_1+U_2=U$　　B　$U_1+U_2<U$

C　$U_1+U_2>U$　　D　$U_1/U_2=R_1/R_2$

E　$U_1/U_2\neq R_1/R_2$

6. 在磁场中用于测量磁通量、磁感应强度的仪器是(　　)。

A　高斯计　　B　磁通计

C　特斯拉计　　D　万用表

E　测力计

7. 为了在平面上表示出磁感应强度的方向，常用(　　)来表示垂直进入或垂直从纸面出来的磁力线。

A　×　　B　●

C　+　　D　⊗

E　Φ

8. 通电圆环线圈在真空中的磁感应强度的大小与(　　)。

A　真空磁导率成正比　　B　圆环线圈匝数成正比

C　圆环的平均长度成正比　　D　线圈中的电流成正比

E　线圈中的电压成反比

9. 载流导体在磁场中所受的作用力称为电磁力 F，实验表明其大小与(　　)。

A　导体中的电流成正比　　B　导体中的电流成反比

C　导体两端的电压成反比　　D　导体在磁场中的有效长度成正比

E　载流导体所在位置的磁感应强度成正比

10. 距离靠近的两根通电导线，它们之间的受力状态，下列描述正确的是(　　)。

A　若两根电线电流方向相同，则两根电线相互排斥

B　若两根电线电流方向相同，则两根电线相互吸引

C　若两根电线电流方向相反，则两根电线相互排斥

D　若两根电线电流方向相反，则两根电线相互吸引

E　不确定

11. 关于法拉第电磁感应定律，下列说法正确的有(　　)。

A　感应电动势的大小与磁通变化速度成正比

B　感应电动势的大小与磁通变化速度成反比

C　感应电动势的大小与磁通成正比

D　感应电动势的大小与磁通大小无关

E　感应电动势的大小与线圈的线圈匝数 N 成正比

12. 远传水表、电磁水表用到的电学方面的知识有(　　)。

A　电磁感应　　B　电压

C　功耗　　D　电动势

E　电容

13. NB-IOT 水表用到的电学知识有(　　)。

A　电磁感应　　B　电压

C　功耗　　D　电阻

E　电容

三、判断题

(　　) 1. 在电路中，规定以正电荷移动的方向为电流的方向。

(　　) 2. 电路中，电流分为直流电流和交流电流，其大小是恒定不变的。

(　　) 3. 串联电路中，流过每个电阻的电流均相等，而各电阻上的电压与各电阻成反比。

(　　) 4. 磁体上磁性最强的区域称为磁极，一般位于磁体的两端。

(　　) 5. 磁极间具有相互作用力，即同极相吸，异极相斥，磁极间的相互作用力叫作磁力，磁体周围存在磁力作用的空间，通常称为磁场。

(　　) 6. 电工学中，某点的电位等于电力场将单位负电荷从该点移动到参考点所做的功。

(　　) 7. 在并联电路中，两个并联电阻的值 R 可以写成 $(R_1+R_2)/R_1 \cdot R_2$。

(　　) 8. 磁场中磁力线的疏密程度反映了磁场的强弱，磁力线越密表示磁场越强，磁力线越疏表示磁场越弱。

四、问答题

1. 有一个 0.3kΩ 的电阻，与 150Ω 的电阻并联，问并联后的等效电阻是多少？

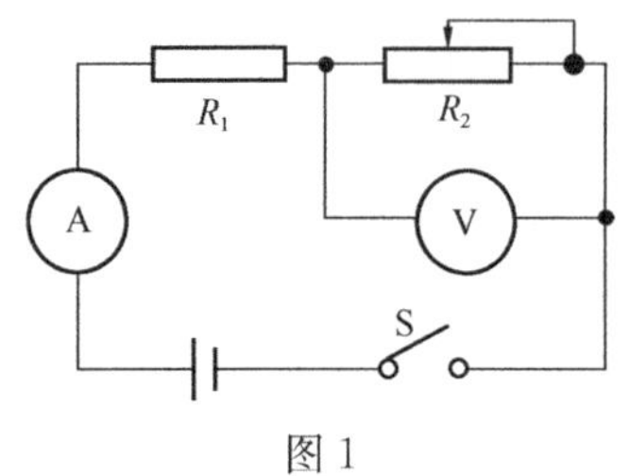

图 1

2. 电路图如图 1 所示，已知电源电压为 36V，闭合开关 S 后，电流表显示 2.4A，电压表则显示 12V，问此时 R_1、R_2 的电阻各是多少？

3. 已知图 2 中 R_1、R_2、R_3、R_4、R_5 的阻值分别为 2、3、4、5、6Ω，求图中 A、B 两点间的等效电阻的阻值。

4. 在电阻混联的电路中，若已知电路的总电压，请写

出各电阻上的电压值和电流值的计算步骤。

5. 如图 3 所示的电路图中，已知灯泡 A 的额定电压 $U_1=6V$，额定电流 $I_1=0.5A$；灯泡 B 的额定电压 $U_2=5V$，额定电流 $I_2=1A$。现有的电源电压为 12V，问如何接入电阻才能使两个灯泡都能正常工作？

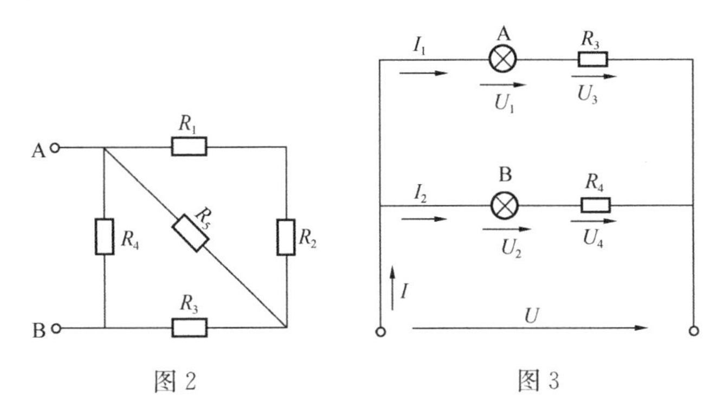

图 2　　　　图 3

6. 简述 NB-IOT 无磁无线远传水表的机电转换原理。

第3章 机 械 基 础

一、单选题

1. 下列不属于机械传动方式的是(　　)。

A　磁力传动　　B　电动传动　　C　气压传动　　D　液压传动

2. 机械制图中，准确表达物体的形状、尺寸、偏差及其技术要求的图，称为(　　)。

A　图形　　B　图样　　C　立体图　　D　视图

3. 机械制图中，可见轮廓线应使用(　　)。

A　虚线　　B　细实线　　C　细点画线　　D　粗实线

4. 机械制图中，下列属于粗实线应用的是(　　)。

A　剖面线　　B　断裂处边界线　　C　轴线　　D　可见轮廓线

5. 机械制图中，下列属于虚线应用的是(　　)。

A　不可见轮廓线　　B　断裂处边界线　　C　轴线　　D　可见过渡线

6. 机械制图中，一个完整的尺寸包括尺寸界限、尺寸线和(　　)三个基本要素。

A　尺寸单位　　B　尺寸数字　　C　尺寸比例　　D　尺寸轮廓线

7. 机械制图中，图样中（包括技术要求和其他说明）的尺寸，以(　　)为单位时，不需要标注计量单位的代号或名称，如果采用其他单位的，必须注明相应的计量单位的代号或名称。

A　微米　　B　毫米　　C　厘米　　D　米

8. 图样中，图形只能表达物体的形状，尺寸确定它的真实大小。机件的真实大小应以图样上所标注的尺寸数值为依据，与图形的大小及绘图的准确度(　　)。

A　成比例放大　　B　成比例缩小　　C　无关　　D　不确定

9. 机械制图中有四种视图，下列(　　)不属于这四种视图。

A　基本视图　　B　局部视图　　C　斜视图　　D　立体图

10. 机械制图中，六个基本视图中(　　)不是常用的视图。

A　主视图　　B　俯视图　　C　仰视图　　D　左视图

11. 机械制图中，局部视图的断裂边界以(　　)表示。

A　细实线　　B　粗实线　　C　波浪线　　D　细点划线

12. 机械制图中，机件向不平行于任何投影面的平面投影所得的视图，称为(　　)。

A　局部视图　　B　斜视图　　C　旋转视图　　D　主视图

13. 机械制图中，不属于零件加工表面常用到的表面粗糙度评定参数的是(　　)。

A　宏观不平度十点高度　　B　微观不平度十点高度

C　轮廓算术平均偏差　　D　轮廓最大高度

14. 在机械制造过程中，用于加工零件的图样是零件图，下列(　　)不是必须在零件图中标注的。

A　零件公差　　B　零件表面粗糙度　C　零件尺寸　　D　单位

15. 绘制图样时，波浪线可用于(　　)。

A　可见轮廓线　　B　可见过渡线　　C　断裂处的边界线　D　不可见轮廓线

16. 应用于视图和剖视图分界线的是(　　)。

A　波浪线　　B　双折线　　C　虚线　　D　细点划线

17. 若粗实线的宽度为1，那么细实线的宽度为(　　)。

A　1　　B　2/3　　C　1/2　　D　1/3

18. 在机械制图中，尺寸界限用(　　)绘制，并应由图形轮廓线、轴线或对称中心处引出，也可利用轮廓线、轴线或对称中心线作尺寸界限。

A　粗实线　　B　细实线　　C　虚线　　D　波浪线

19. 绘制图样中的比例是图中图形与其实物相应要素的线性尺寸之比，放大比例可表示为(　　)。

A　1∶1　　B　1∶2　　C　2∶1　　D　文字说明

20. 采用比例绘制图样时，图中尺寸均按照物体的实际尺寸标注，与图中所采用的比例(　　)。

A　成比例放大　　B　成比例缩小　　C　不变　　D　无关

21. 机械制图中，假想将机件的(　　)旋转到与某一选定的基本投影面平行后再向该平面投影所得到的视图，称为旋转视图。

A　突出部分　　B　重叠部分　　C　倾斜部分　　D　遮挡部分

22. 机械制图中，尺寸公差属于零件图中的(　　)内容范围。

A　图形　　B　完整的尺寸

C　必要的技术要求　　D　标题栏

23. 国家标准《机械制图》中规定，剖视图中金属材料的剖面符号，应画成与水平成45°的相互平行、间隔均匀的(　　)。

A　粗实线　　B　细实线　　C　波浪线　　D　细点划线

24. 机械制图中剖视图的标注，一般应在剖视图上方用字母标出剖视图的名称“(　　)”，在相应视图上用剖切符号表示剖切部位，用箭头表示投影方向，并注上相同字母。

A　X/X　　B　X—X　　C　XX　　D　X（X）

25. 机械制图中，假想用剖切平面将机件的某处切断，仅画出断面的图形，称为(　　)。

A　剖面图　　B　剖视图　　C　全剖视图　　D　局部视图

26. 机械制图中，剖面图一般分为移出剖面和重合剖面两类，其中将画在视图轮廓之外的剖面称为移出剖面，移出剖面的轮廓线用(　　)画出。

A　粗实线　　B　细实线　　C　细点划线　　D　波浪线

27. 机械制图中，一张完整的零件图包含四方面内容，其中不包含(　　)。

A　一组图形　　B　一组加工的说明

C　一组完整的尺寸　　D　必要的技术要求

28. 在零件图的绘制中，首先需要确定(　　)，再考虑之后还需要配置多少其他视图，采用哪种表达方法，应根据零件的复杂程度，在能够正确、完整、清晰地表达零件内外结构的前提下，尽量用较少的视图，以便于画图和读图。

A　主视图　　B　俯视图　　C　左视图　　D　剖面图

29. 零件图尺寸标注是设计中的重要尺寸，要从(　　)单独直接标出。零件的重要尺寸，主要是指影响零件在整个机器中的工作性能和位置关系的尺寸。

A　中心点　　B　对称线　　C　坐标零点　　D　基准

30. 零件图标注尺寸时，不允许出现(　　)尺寸链，因为这样精度难以得到保证。

A　间断　　B　连续　　C　封闭　　D　断开

31. 机械制造中，为保证零件具有(　　)，应对其尺寸规定一个允许变动的范围，即允许尺寸的变动量，称为尺寸偏差。

A　互换性　　B　耐磨性　　C　热稳定性　　D　精准性

32. 零件图中公差的标注方法之一，是在基本尺寸后标注公差代号，且公差代号由基本偏差代号与标准公差等级代号组成，并用与(　　)相同的字号书写。

A　标题栏　　B　剖面符号　　C　比例标注　　D　尺寸数字

33. 机械制造中的配合，是指两个基本尺寸相同时，相互结合的孔和轴公差带之间的关系，由于孔、轴实际尺寸不同，装配后松紧度不同，可以分别形成三类配合，下列不属于其中的是(　　)。

A　间隙配合　　B　过盈配合　　C　过渡配合　　D　过载配合

34. 绘制图的对称中心线时，圆心应为线段的交点，点划线和双点划线的首末两端应是线段而不是短划，当图形比较小，用点划线绘制有困难时，可用(　　)代替。

A　粗实线　　B　细实线　　C　波浪线　　D　虚线

35. 绘图铅笔上的 H 代表硬度，H 前的数字越大，代表其硬度(　　)。

A　越大　　B　越小　　C　不变　　D　不确定

36. 用视图表达机件时，机件内部的结构形状都用虚线表示，但虚线过多，会使图形不够清楚，而且尺寸标注也不够方便，常常采用(　　)来加以表示。

A　旋转视图　　B　局部视图　　C　剖视图　　D　斜视图

37. 剖视图中表示金属材料的剖面符号是(　　)。

A　　B　　C　　D

38. 机械制图的图纸幅面大小中，A0 是 A3 幅面的(　　)。

A　1/2 倍　　B　2 倍　　C　4 倍　　D　8 倍

39. 零件加工表面上具有的较小间距和峰谷所组成的微观几何形状不平的程度，被称作(　　)。

A　平整度　　B　公差　　C　偏差　　D　表面粗糙度

40. 在零件图中，表面粗糙度代号中数字书写方向，必须与尺寸数字书写方向一致，当零件表面中大部分粗糙度相同时，也可将相同的粗糙度代号标注在统一右上角，前面加(　　)二字。

A　余下　　B　其余　　C　统一　　D　剩余

41. 经过加工的零件表面，不但会有尺寸误差，而且还有形状和位置误差，对于精度较高的零件，要规定其表面形状和相互位置的公差，简称(　　)。

A 形状公差　　B 位置公差　　C 形位公差　　D 尺寸公差

42. 螺纹环规是一种“量具”，是用来检测(　　)中径的，两个为一套，一个叫通规，一个叫止规。

A 外螺纹　　B 内螺纹　　C 内、外螺纹　　D 不确定

43. 螺纹环规是一种“量具”，两个为一套，一个叫通规，一个叫止规，通常用英文字母“(　　)”表示通规。

A C　　B A　　C T　　D Z

44. 螺纹环规是一种“量具”，两个为一套，一个叫通规，一个叫止规，通常用英文字母“(　　)”表示止规。

A C　　B A　　C T　　D Z

45. 当孔与轴的公差带相互交叠时，其配合性质为(　　)，水表中的顶尖与叶轮盒之间的安装配合就是此类配合。

A 间隙配合　　B 过盈配合　　C 过渡配合　　D 紧配合

46. 国际上规定，对于一定的基本尺寸，其标准公差共有 20 个公差等级，其中 IT(　　)为最高级，即精度最高、公差值最小。

A 01　　B 0　　C 18　　D 19

47. 满管水流推动 DN15 旋翼式冷水水表的叶轮使其转动，随之带动计数器内大小数个齿轮传动，从而进行精确计量，试问首末两轮转速之比，等于(　　)。

A 该轮系中首轮与末轮的齿轮齿数之比

B 该轮系中末轮与首轮的齿轮齿数之比

C 该轮系中组成该轮系中所有从动齿轮齿数连乘积与所有主动齿轮齿数连乘积之比

D 该轮系中组成该轮系中所有主动齿轮齿数连乘积与所有从动齿轮齿数连乘积之比

48. 在齿轮传动中，渐开线的压力角已标准化，我国规定渐开线的标准压力角为(　　)。

A 10°　　B 20°　　C 45°　　D 60°

49. 液压传动是以液体作为工作介质，利用液体(　　)来传递动力和进行控制的一种传动方式。

A 流速　　B 高度　　C 体积　　D 压力

50. 气压传动是利用空气压缩机等设备将设备的机械能转变成空气的压力能，并通过机械元件再将压力能转变为机械能的运动，下列不属于气压传动动作的是(　　)。

A 喷壶浇花　　B 大口径水表的泵压操作

C 大口径水表检定装置的阀门开关　　D 水表中罩的拧紧操作

二、多选题

1. 在同图样中，每一表面的粗糙度符号只标注一次，并尽可能标注在具有确定该表

面大小或位置尺寸的视图上，粗糙度符号应标注在(　　)上，尖端必须从材料外指向该平面。

A　尺寸线　　B　尺寸界限

C　尺寸界限的延长线　　D　轮廓线

E　剖面线

2. 绘制图样时，需要对断裂处的边界线作出标记，应使用(　　)图线形式。

A　粗实线　　B　细实线

C　细点画线　　D　波浪线

E　双折线

3. 机械制图中的点划线分为细点划线、粗点划线和双点划线三种，各自有不同的用处，下列应使用双点划线的是(　　)。

A　相邻辅助零件的轮廓线　　B　轴线

C　对称线　　D　轨迹线

E　运动机件在极限位置的轮廓线

4. 机械制图中，标注尺寸三要素是指(　　)。

A　尺寸界限　　B　尺寸线

C　尺寸数字　　D　比例

E　单位

5. 尺寸界限应使用细实线绘制，并应由图形轮廓线、轴线或对称中心线处引出，也可利用(　　)作尺寸界限。

A　轮廓线　　B　轴线

C　对称中心线　　D　波浪线

E　尺寸线

6. 机械制图中，图线的宽度一般有两种，即 b 和 $b/3$，下列应使用 b 宽度的图线形式的有(　　)。

A　粗实线　　B　细点划线

C　波浪线　　D　双折线

E　粗点划线

7. 机械制图中，图纸幅面通常按照尺寸大小可分为(　　)。

A　A0　　B　A1

C　A2　　D　B1

E　B2

8. 有关螺纹的表述正确的是(　　)。

A　将螺杆按轴线垂直放置，若所见螺纹是自左向右升起，则为右旋螺纹

B　将螺杆按轴线垂直放置，若所见螺纹是自左向右升起，则为左旋螺纹

C　单线螺纹和右旋螺纹用得十分普遍，所以线数和右旋均可省略不标注

D　左旋螺纹用符号“LH”表示

E　小口径水表表壳两端螺纹和水表接管上的螺纹都是管螺纹，其属于非螺纹密封的管螺纹

9. 机械制图中，标题栏中应包括(　　)等。

A　零件名称　　B　零件材料

C　图号　　D　图样的责任签字

E　技术要求

10. 零件图中，可利用代号标注或文字说明，表达出零件在(　　)过程中应达到的一些技术上的要求，如：表面粗糙度、尺寸公差、热处理和表面处理要求等。

A　制造　　B　检验

C　装配　　D　包装

E　储存

11. 机器都是由许多零件装配而成的，制造机器必须首先制造零件。零件工作图，简称零件图，一张完整的零件图，应包括的内容是(　　)。

A　一组图形　　B　完整的尺寸

C　必要的技术要求　　D　填写完整的标题栏

E　配件、材料清单

12. 表面粗糙度符号 $\sqrt{\circ}$ 表示该表面粗糙度是不用去除材料的方法获得的，这些方法有(　　)。

A　铸造　　B　锻造

C　冲压变形　　D　腐蚀

E　冷轧

13. 表面粗糙度符号 $\sqrt{}$ 表示该表面粗糙度是用去除材料的方法获得的，这些方法有(　　)。

A　车　　B　刨

C　剪切　　D　电火花加工

E　粉末冶金

14. 形位公差中下列属于形状公差符号的有(　　)。

A　▱　　B　○

C　⌭　　D　//

E　◎

15. 视图是机件向投影面投影所得的图形，它一般只画机件的可见部分，必要时才画出其不可见部分，视图分为(　　)。

A　基本视图　　B　局部视图

C　斜视图　　D　旋转视图

E　剖面视图

16. 下列有关斜视图的表述中，正确的是(　　)。

A　能反映真实图形

B　允许旋转，并在旋转后视图上标注“X向旋转”

C　可不标注尺寸和比例

D　投影面必须平行于主视图

E　只表达倾斜部分的形状

17. 下列有关局部视图的表述中，正确的是（　　）。

A　断裂边界应以波浪线或双折线来表示

B　可简化表达，节省画图工作量

C　局部视图与原视图可以不相关

D　当局部结构完整，且外轮廓封闭时，可省略波浪线

E　局部视图的下方应标注“X 向”

18. 机械图纸中的标题栏的表述中，正确的是(　　)。

A　标题栏的长边与图纸的长边平行的图纸，称为 X 型图纸

B　标题栏的长边与图纸的长边垂直的图纸，称为 Y 型图纸

C　标题栏应位于图纸的左下角

D　根据实际情况，图纸可省略标题栏

E　如果使用毫米为单位时，标题栏中可省略不标注

19. 有关零件图中重要尺寸的说法，下列正确的是(　　)。

A　应从基准单独直接标出

B　可由其他标注好的尺寸，经计算得出

C　是指影响零件在整个机器中的工作性能和使用性能的尺寸

D　配合尺寸、定位尺寸均是零件的重要尺寸

E　一张图纸中标注的重要尺寸不宜过多，可标注一些，省略一些

20. 国家标准中规定，常用表面粗糙度评定参数有(　　)。

A　轮廓算术平均偏差（Ra）　　B　轮廓加权平均偏差（Rb）

C　微观不平度十点高度（Rz）　　D　宏观不平度六点长度（Rc）

E　轮廓最大高度（Ry）

21. 图样上螺纹标记应该表示该螺纹(　　)。

A　牙型　　B　公称直径

C　螺距　　D　公差带

E　旋向

22. 螺纹环规、塞规使用时，应注意被测螺纹与环规、塞规标识的(　　)相同。

A　公差等级　　B　公称直径

C　生产厂家　　D　生产批次号

E　螺纹牙型

23. 国家相关标准规定：凡是以下(　　)项目要素符合标准的螺纹称为标准螺纹。

A　牙型　　B　线数

C　螺纹大径　　D　螺纹旋向

E　螺距

24. 下列表述中属于特殊螺纹的有(　　)。

A　牙型符合标准，螺距不符合标准　　B　牙型符合标准，大径不符合标准

C　螺距符合标准，牙型不符合标准　　D　螺距符合标准，大径不符合标准

E　大径符合标准，牙型不符合标准

25. 下列表述中属于非标准螺纹的有(　　)。

A　牙型符合标准，螺距不符合标准　　B　牙型符合标准，大径不符合标准

C　螺距符合标准，牙型不符合标准　　D　螺距符合标准，大径不符合标准

E　大径符合标准，牙型不符合标准

26. 螺纹标注中的螺纹特征代号，下列表述正确的有(　　)。

A　G 表示圆柱管螺纹

B　ZG 表示圆锥内螺纹

C　Rp 表示圆柱内螺纹

D　R 表示与螺纹密封的管螺纹相配合的圆锥外螺纹

E　Rc 表示圆锥内螺纹

27. 常用标准螺纹中，属于连接螺纹的是(　　)。

A　普通螺纹　　B　圆柱管螺纹

C　梯形螺纹　　D　锯齿形螺纹

E　锥螺纹

28. 常用标准螺纹中，属于传动螺纹的是(　　)。

A　普通螺纹　　B　圆柱管螺纹

C　梯形螺纹　　D　锯齿形螺纹

E　锥螺纹

29. 销子是一种标准件，用于零件间连接或定位，常用的有(　　)。

A　槽销　　B　螺尾锥销

C　圆锥销　　D　圆柱销

E　开口销

30. 关于齿轮传动，下列表述正确的有(　　)。

A　圆柱齿轮用于平行两轴之间的传动

B　蜗杆、蜗轮用于垂直交叉的两轴之间的传动

C　根据传动的工作条件不同，可分为闭式传动（主要应用于中、高速传动）和开式传动（主要应用在低速传动）

D　圆柱齿轮分为圆柱直齿轮、斜齿轮和人字齿轮

E　齿轮在制造和安装中的要求较高，但使用寿命长

31. 渐开线齿轮的正确啮合条件为(　　)。

A　两齿轮的模数必须相等　　B　两齿轮的分度圆上的压力角必须相等

C　两齿轮的外圆直径必须相等　　D　两齿轮的齿数必须相等

E　两齿轮的轴向高度必须相等

32. 轮系的结构形式多样，根据轮系传动时各齿轮的几何轴线在空间的相对位置是否固定，轮系可分为(　　)。

A　定轴轮系　　B　复合轮系

C　差动轮系　　D　行星轮系

E　周转轮系

33. 轮系中的惰轮，其主要作用有(　　)。

A　改变从动轮的旋转方向　　B　改变主动轮的旋转方向

C　增加传动距离　　D　调整压力角

E　改变传动比

34. 气压传动是一种动力传动形式，也是一种能量转换装置，它是利用气体的压力来传递能量，相比机械传动有许多不同，下列属于气压传动缺点的有(　　)。

A　制造、安装和维护要求较高

B　气缸的动作速度易受负载影响

C　工作压力较低，一般为0.4～0.8MPa，因而输出动力较小

D　有较大的排气噪声

E　需要另外给相应设备装置加注润滑油

35. 电动传动，即采用电气设备和电器元件，利用调整其电参数(　　)来实现能量传递。

A　电磁　　B　电容

C　电压　　D　电流

E　电阻

36. 液压传动的特点有(　　)。

A　结构上，元件单位重量传递的功率大，结构简单，布局灵活，便于和其他传动方式联用，易实现远距离操纵和自动控制

B　工作性能上，速度、扭矩、功率均可作无极调节，能迅速转向和变速，调速范围宽，动作速度快

C　维护上，元件自润滑性好，能实现过载保护与保压

D　使用寿命长，元件易实现系列化、标准化、通用化

E　速比较机械传动更准确，传动效率高

37. 气动系统在检定装置上通常用于(　　)。

A　量筒底阀开关　　B　大表检定水表夹紧

C　水流开关阀控制　　D　流量调节阀调节流量大小

E　换向阀工作

38. 液压传动系统在水表检定过程通常用于(　　)。

A　小表检定水表夹紧　　B　换向阀工作

C　小表试压　　D　活塞台活塞缸工作

E　大表试压

三、判断题

(　　) 1. 机械传动是机械的核心。

(　　) 2. 机械传动有四种传动方式：磁力传动、液压传动、气压传动和电动传动。

(　　) 3. 机械传动中，电动传动是对系统中的电气设备和电器元件，调整其电参数(电压、电流、电阻等) 来实现能量传递的。

（　　）4. 机械制图中，准确表达物体的形状、尺寸、技术要求的图，称为图样。

（　　）5. 在机械制图中，比例是指实物与图中图形相应要素的线性尺寸之比。

（　　）6. 机械制图中，同一物体的各视图应采用同一比例，如果某一视图采用不同比例时，应在该视图的下方另行标注。

（　　）7. 视图为机件向投影面投影所得的图形。它一般只画机件的可见部分，必要时才画出其不可见部分。

（　　）8. 机械制图中基本视图最常用的三个视图为主视图、俯视图、左视图。

（　　）9. 机械制图中的局部视图，是机件的某一部分向基本投影面投影而得的视图。

（　　）10. 机械制图中的斜视图，是机件向不平行于任何投影面的平面投影所得的视图。

（　　）11. 机械制图中的剖视图，是假想将机件剖切后画出的图形。

（　　）12. 国家标准中规定，常用表面粗糙度评定参数有轮廓算数平均偏差（Ra）、微观不平度十点高度（Rz）和轮廓最大高度（Ry），一般情况下，轮廓最大高度（Ry）为最常用的评定参数。

（　　）13. 游标卡尺的结构由尺身（主尺）、内量爪、尺柜、紧固螺钉、深度尺、游标（副/尺）外量爪六部分组成。

（　　）14. 千分尺由尺架、测微螺杆、测力装置组成。

（　　）15. 在机械制造中，“公差”用于协调机器零件的使用要求与制造经济性之间的矛盾；“配合”用于反映机器零件之间有关性能要求的相互关系。

（　　）16. 深度游标卡尺比游标卡尺测量工件的深度好。

（　　）17. 根据齿轮传动轴的相对位置，可将齿轮传动分为两大类，即平面齿轮传动（两轴平行）与空间齿轮传动（两轴垂直）。

（　　）18. 液压传动是利用液体的压力能来传递能量的一种传动方式。

（　　）19. 在机械制造过程中，用于加工零件的图样是立体图，它在图形上标注了零件大小的尺寸，以及公差、表面粗糙度等技术要求，它能满足生产制造的要求。

（　　）20. 机械制图中，剖面图和剖视图的不同在于，前者画出剖切后所有部分的投影，而后者则仅画出机件断面的图形。

（　　）21. 机械制图中，一张完整的零件图包含一组图形、清晰的尺寸、必要的技术要求和填写完整的标题栏等四方面内容。

（　　）22. 机械制图中，主视图确定后，再考虑还需要配置多少其他视图，采用哪些表达方法，应根据零件的复杂程度，在能够正确、完整、清晰地表达零件内外结构的前提下，尽量用较少的视图，以便画图和读图，有些简单的回转零件，只需一个视图就可表达完整、清晰，而壳体零件可用三个视图。

（　　）23. 机械制图中标注尺寸时，可以出现封闭的尺寸链。

（　　）24. 机械制造中，为保证零件具有互换性，应对其尺寸规定一个允许变动的范围，即允许尺寸的变动量，称为尺寸偏差。

四、问答题

1. 用游标卡尺测量零件长度，应如何读数?

2. 求 LXS-15 表壳中心孔 $\Phi46^{+0.07}_{-0.05}$的尺寸公差? 求叶轮轴 $\Phi2^{+0.07}_{-0.02}$的最大、最小直径?

3. 齿轮是配对传递的，DN20 旋翼水表前 3 级配对是 10/25 、10/30、10/30（叶轮中心齿轮齿数是 10），也就是叶轮传递到 0.1L 位情况，请计算传递速比 i（叶轮转速/0.1L 位齿轮转速）是多少? 请问是减速传动还是增速传动?

第4章 工程材料基础知识

一、单选题

1. 金属由固态转变为液态时的温度称为(　　)。

A 露点　　B 沸点　　C 熔点　　D 溶点

2. 金属受热时体积会增大，而冷却时会收缩的性能，称为(　　)。

A 导热性　　B 导电性　　C 热膨胀性　　D 塑性

3. 金属的硬度，根据加载速度的不同，可将测量硬度的试验方法分为静载压入法和动载压入法，下列不是静载压入法表示硬度的是(　　)。

A 布氏硬度　　B 洛氏硬度　　C 肖氏硬度　　D 维氏硬度

4. 金属材料抵抗其他更硬物体压入其表面的能力，是反映金属材料软硬程度的一个指标，通常称为(　　)。

A 强度　　B 塑性　　C 疲劳强度　　D 硬度

5. 在交变应力作用下，虽然零件所承受的工作应力低于材料的屈服点，但经过较长时间的工作而产生裂纹或突然断裂的过程叫作金属的(　　)。

A 强度　　B 疲劳强度　　C 塑性　　D 韧性

6. 疲劳破坏是机械零件失效的主要原因之一，据统计，在机械零件失效中大约(　　)以上属于疲劳破坏，而且在疲劳破坏前，并没有明显的塑性变形，往往具有突发性，容易造成重大损失。

A 10%　　B 30%　　C 50%　　D 80%

7. 塑料是以(　　)为原料，通过加聚或缩聚反应聚合而成的高分子化合物。

A 无机物　　B 有机物　　C 聚合物　　D 单体

8. 通用塑料有五大类，下列不属于通用塑料的是(　　)。

A 聚乙烯　　B 聚甲醛　　C 聚丙烯　　D 聚氯乙烯

9. 下列通用塑料制品中具有阻燃性能的是(　　)。

A 聚乙烯　　B 聚丙烯　　C 聚氯乙烯　　D 聚碳酸酯

10. 下列不属于塑料特性优点的是(　　)。

A 质量轻　　B 耐磨　　C 成型加工容易　　D 耐热性强

11. 塑料的鉴别方法很多，借助贵重的精密仪器，如红外分光光度仪、核磁共振仪、色谱—质谱联用仪等，但一般场合配备这些仪器不易办到，常常采用简便易行的鉴别方法，如(　　)。

A 切割法　　B 化学分析法　　C 锤击法　　D 燃烧法

12. 当今塑料制品品种繁多，样式各异，同一类塑料就可制成许多不同形式的制品，所以如何正确处理这些塑料废弃物，变得尤其重要，回收塑料的第一步就是(　　)。

A　清洗后焚烧　B　鉴别与分类　C　分类填埋　D　自行处理

13. 塑料制品成型加工的四个连续过程中最为重要和主要的工序是(　　)。

A　成型　B　机械加工　C　修饰　D　装配

14. 水表轴承、齿轮常常使用(　　)等原材料来制造。

A　POM　B　PE　C　PP　D　PVC

15. 水表指针、滤网一般用(　　)塑料材料制作。

A　ABS　B　POM　C　PE　D　PP

16. 水表零件除塑料材料外，还有许多其他材料，下列不属于水表零件材料的是(　　)。

A　钢化玻璃　B　玻璃钢　C　玛瑙　D　不锈钢

17. 当今，不锈钢材质的水表常常应用于(　　)。

A　严寒地区　B　热带地区　C　工业循环水系统　D　直饮水系统

18. 金属导热是依靠材料中电子、原子、分子和晶格热运动来传递热量，但材料性质不同，其主要导热机理不同，效果也不一样。一般来说，纯金属的热导率(　　)合金的热导率。

A　大于　B　小于　C　等于　D　不确定

19. 工程材料中的金属材料，受热后体积会增大，冷却时会收缩，这是金属的热膨胀性，体膨胀系数约为线膨胀系数的(　　)倍，并在实际工作中应考虑这一性能导致的尺寸影响。

A　2　B　3　C　4　D　5

20. 金属的导电性和导热性一样，随金属成分变化而变化，一般来说纯金属的导电性比合金的导电性要(　　)。

A　强　B　弱　C　一样　D　不确定

21. 水表中使用非金属材料最多的是(　　)部件。

A　水表机芯　B　水表接管　C　水表中罩　D　水表表壳

22. 下列水表所用金属材料中使用最多的是(　　)。

A　不锈钢　B　铸钢　C　铝合金　D　球墨铸铁

23. 水表表壳材料中，(　　)不得在饮用水管网中新装和换装。

A　灰铸铁　B　工程塑料　C　球墨铸铁　D　铸铅黄铜

24. 球墨铸铁比普通灰口铸铁有较高强度、较好韧性和塑性，其牌号以(　　)后面附两组数字表示。

A　HT　B　KT　C　QT　D　ZT

25. 塑料根据其(　　)分类，可分为热塑性塑料和热固性塑料。

A　可熔性　B　可伸缩性　C　可塑性　D　易加工性

26. 加热后会熔化，可流动至模具冷却后成型，再加热又会熔化的塑料，通常称为(　　)。

A　可塑性塑料　B　可熔性塑料　C　热塑性塑料　D　热固性塑料

27. 通用的热塑性材料其连续使用温度在(　　)以下。

A　50℃　B　80℃　C　100℃　D　150℃

28. 受热后或在其他条件下能固化或具有不熔特性的塑料，通常称为(　　)。

A　可塑性塑料　　B　可熔性塑料　　C　热塑性塑料　　D　热固性塑料

29. 热固性塑料首次加热到一定温度，发生(　　)而变硬，这种变化过程是不可逆的，此后再次加热，也不能再变软流动了。

A　物理变化　　B　化学变化　　C　生物转化　　D　不确定

30. 可用于薄膜、人造革、鞋和电线绝缘的塑料是(　　)。

A　POM　　B　PVC　　C　PP　　D　PE

31. 水表的叶轮盒、齿轮盒和叶轮通常应用(　　)制作，因其刚韧、耐腐蚀性好、吸湿性小。

A　POM　　B　PVC　　C　PS　　D　ABS

32. 塑料具有透光性，多数塑料都可制成透明或半透明制品，其中(　　)的透光率可达88%～92%，接近于玻璃。

A　PC　　B　ABS　　C　POM　　D　PPO

33. 水表塑料零件制造中，(　　)是最常用的一种方法。

A　挤出成型　　B　注塑成型　　C　压延成型　　D　金加工成型

34. 塑料成型前的准备工作有许多，下列不属于其准备工作的是(　　)。

A　原材料的预处理　　B　嵌件的预热

C　塑料制品的修饰　　D　料筒的清洗

35. 橡胶因其具有优良的(　　)能力，使得它成为水表常用的密封材料。

A　耐磨性　　B　耐候性　　C　耐热性　　D　伸缩性

36. 根据原材料来源与方法的不同，将橡胶分为天然橡胶和合成橡胶两大类，其中合成橡胶的消耗量约占消耗总量的(　　)。

A　10%　　B　30%　　C　50%　　D　70%

37. 除应用于水表密封圈外，橡胶制品还广泛应用于交通运输、工业矿山、农林水利、军事固防、电气通信、医疗卫生和文教体育等众多领域，其中占比最大的是(　　)。

A　农业浇灌用的管道　　B　汽车轮胎

C　通信电缆　　D　各类球具

38. 将液态金属浇入与零件形状相适应的铸型型腔中，待其冷却后获得毛坯或零件的方法，称为(　　)，该方法在毛坯生产中具有广泛的适用性，该毛坯加工而成的零件，占机械权重的40%～80%。

A　铸造　　B　锻造　　C　热处理　　D　压力加工

39. 金属材料加工中的铸造方法有许多，其中应用最广泛的是(　　)。

A　离心铸造　　B　熔模铸造　　C　金属型铸造　　D　砂型铸造

40. 砂型铸造的生产过程主要是(　　)。

A　制造模型及芯盒→配制型砂和芯砂→造型、制芯、合型→熔化金属及浇铸落砂、清理和检验

B　制造模型及芯盒→造型、制芯、合型→配制型砂和芯砂→熔化金属及浇铸落砂、清理和检验

C　配制型砂和芯砂→制造模型及芯盒→造型、制芯、合型→熔化金属及浇铸落砂、

清理和检验

D　制造模型及芯盒→配制型砂和芯砂→熔化金属及浇铸落砂、清理和检验

41. ABS是一种不透明，呈现浅牙色，无毒无味的粉料或颗粒，它具有较好的低温耐冲击性，ABS材料放入水中(　　)，燃烧ABS材料时，火焰呈现(　　)。

A　下沉、黄色　　B　上浮、黄色　　C　下沉、浅蓝色　　D　上浮、浅蓝色

42. 下列塑料中，不可以回收再利用的是(　　)。

A　聚氯乙烯　　B　酚醛树脂　　C　聚乙烯　　D　聚苯乙烯

43. 塑料中聚氯乙烯材料是一种(　　)材料。

A　不燃　　B　难燃　　C　可燃　　D　易燃

44. 取代钢化玻璃的工程塑料是(　　)。

A　PA　　B　PC　　C　AS　　D　PS

45. 下列塑料材料中可用于制造热水水表机芯零件的是(　　)。

A　PE　　B　ABS　　C　PA　　D　PPO

46. 钢化玻璃具有高强度，较同等厚度的普通玻璃，它的抗冲击强度是普通玻璃的(　　)。

A　相同　　B　1倍　　C　2倍　　D　5倍

47. 钢化玻璃其热稳定性好，能承受的温差是普通玻璃的数倍，可承受(　　)的温差。

A　100℃　　B　150℃　　C　200℃　　D　300℃

二、多选题

1. 金属材料的力学性能，是指金属在外加荷载作用下或荷载与环境因素联合作用下所表现出的行为，通常表现为金属的(　　)。

A　重量变化　　B　熔点变化

C　温度变化　　D　变形

E　断裂

2. 属于不锈钢材料特点的有(　　)。

A　耐酸耐碱　　B　无二次污染

C　卫生环保　　D　机械性能好

E　有冷脆现象，易老化、蠕变

3. 铸造，是指将液体金属浇入与零件形状相适应的铸型型腔中，待其冷却后获得毛坯或零件的方法，铸造的方法很多，其中特种铸造有(　　)。

A　金属型铸造　　B　砂型铸造

C　压力铸造　　D　熔模铸造

E　离心铸造

4. 切削加工中，切削用量是指(　　)的总称。

A　切削时间　　B　切削温度

C　切削速度　　D　进给量

E　背吃刀量

5. 切削时用的切削液，它的作用有(　　)。

A　冷却　　B　润滑

C　清洗　　D　防锈

E　切削回收

6. 下列描述中属于砂型铸造特点的是(　　)。

A　砂型是由型砂制成的

B　由于型砂性能不合格导致铸件缺陷的约占铸件总缺陷数的一半以上

C　铸件的重要表面应朝下或位于侧面

D　铸件尺寸精度及表面粗糙度较好

E　可生产形状复杂的薄壁铸件

7. 目前水表金属表壳毛坯常用的生产方法有(　　)。

A　砂型铸造　　B　金属型铸造

C　锻造　　D　离心铸造

E　焊接

8. 下列属于金属加工中熔模铸造的特点的是(　　)。

A　适用于各种合金铸造，特别是耐热合金

B　能生产形状复杂，难于加工的铸件

C　成本高且不能生产大型铸件

D　广泛应用于航空、电器、仪表等小型精密铸件

E　铸件内表面质量较差

9. 金属力学性能中的塑性，是指金属材料发生塑性变形而不被破坏的能力，其(　　)是其在工程上广泛应用的表征金属塑性好坏的重要力学性能指标。

A　拉伸伸长率　　B　断面收缩率

C　冲击韧性度　　D　抗弯强度

E　抗压强度

10. 金属材料的力学性能，是指金属在外加荷载作用下或荷载与环境因素联合作用下所表现出的行为，其中的强度大小用应力来表示，根据荷载作用方式不同，强度可分为(　　)。

A　抗拉强度　　B　抗压强度

C　抗弯强度　　D　抗剪强度

E　抗扭强度

11. 当今水表所用的金属材料大体可有(　　)等种类。

A　灰铸铁　　B　不锈钢

C　球墨铸铁　　D　铸铅黄铜

E　铝合金

12. 下列属于通用塑料的有(　　)。

A　PE　　B　PP

C　PVC　　D　PS

E　ABS

13. 下列属于透明塑料的有（ ）。

A PS　　B PMMA

C AS　　D PC

E PPO

14. 热固性塑料是指在受热或其他条件下能固化或具有不溶特性的塑料，下列属于热固性塑料的有（ ）。

A 聚甲醛　　B 聚乙烯

C 聚苯乙烯　　D 酚醛树脂

E 环氧树脂

15. 塑料的缺点有（ ）。

A 耐热性较低　　B 蠕变值较大

C 导热性差　　D 不易加工

E 在光照、大气、长期机械作用下会发生老化、变色、开裂等

16. 下列塑料的基本特性中，属于优点的有（ ）。

A 质量轻，比强度大　　B 化学稳定性好

C 透光性能优异　　D 成型加工容易

E 耐热性较好

17. 下列塑料材料中可用于制造水表齿轮的有（ ）。

A POM　　B PE

C PP　　D ABS

E PPO

18. 由于塑料塑化后的不均匀或塑料在型腔内结晶、取向和冷却不均匀，注塑件内部不可避免地存在一些内应力，导致注塑过程中的变形和开裂，为消除这些应力，需对注塑件采取（ ）等方法。

A 淬火　　B 退火

C 回火　　D 浸水

E 调湿

19. 塑料的燃烧鉴别法中，主要观察的是（ ）指标或特征。

A 燃烧的难易程度　　B 燃烧的快慢程度

C 离火后的情况　　D 燃烧时火焰的颜色

E 燃烧时的气味

20. 下列塑料燃烧时冒黑烟的有（ ）。

A 有机玻璃　　B 聚氯乙烯

C 聚苯乙烯　　D ABS

E 聚苯醚

21. 下列塑料放置在纯净水中，向上浮起的有（ ）。

A 聚氯乙烯　　B 聚碳酸酯

C 聚苯乙烯　　D 聚乙烯

E 聚丙烯

22. 注射成型过程主要有加料、塑化、充模保压、冷却和脱模等几个步骤，但实际上只是(　　)三个过程。

A　加料　　　　B　塑化

C　注射　　　　D　模塑

E　挤出

23. 为了使注射成型顺利进行和保证产品质量，塑料成型加工前的准备工作有(　　)。

A　原材料的选用　　　　B　原材料的预处理

C　嵌件的预热　　　　D　隔离剂的选用

E　料筒的清洗

24. 一只 LXS-20 铁壳液封水表通常用到的非金属材料有(　　)。

A　钢化玻璃　　　　B　AS

C　PE　　　　D　ABS

E　POM

25. 一只 LXS-20 铁壳液封水表通常用到的金属材料有(　　)。

A　灰铸铁　　　　B　不锈钢

C　球墨铸铁　　　　D　黄铜

E　45 号碳钢

三、判断题

(　　) 1. 金属由固态转变为液态时的温度称为熔点，常用低熔点金属制造印刷铅字，难熔金属可制造机械零件，在水表零件方面获得广泛应用。

(　　) 2. 塑料是以单体为原料，通过加聚或缩聚反应聚合而成的高分子化合物，俗称塑料或树脂，塑料的基本性能主要决定于树脂使用何种添加剂，其添加剂不同性能迥异。

(　　) 3. 塑料制品的特性有质量轻，比强度高，优良的电绝缘性和化学稳定性，成型加工容易，且耐热性高。

(　　) 4. 塑料制品成型加工主要由成型、机械加工、修饰和装配四个连续过程组成。

(　　) 5. 塑料根据其可塑性分类，可分为热塑性塑料和热固性塑料。通常情况下，热塑性塑料可再回收利用，而热固性塑料则不能。

(　　) 6. 绝大多数塑料的摩擦系数较大，耐磨性好，具有消声和减振的作用。许多工程塑料制造的耐磨零件如齿轮、轴承就是利用了塑料的这一特性。

(　　) 7. 合成橡胶是由各种单体经聚合反应而得，它又可分为通用合成橡胶、半通用合成橡胶、专用合成橡胶和特种合成橡胶。

四、问答题

1. 塑料制品较金属件有其独特的性能，请写出塑料制品的优、缺点。（至少写出五种）

2. 用燃烧法快速识别塑料时，各种塑料的燃烧难易程度各有不同，请将有机玻璃、聚氯乙烯、聚乙烯、聚丙烯、聚甲醛、聚四氟乙烯和ABS等塑料制品按易燃、难燃和不燃进行归类。

3. 有人看到水表里零部件面是用塑料做的，认为有点像玩具，不经用，应该像手表一样使用金属材料，你如何理解？

第5章　水力学基础知识

一、单选题

1. 试验表明，水的密度随温度和压强的变化非常小，一般情况下可近似认为水的密度是个常数，即(　　)kg/m^3。

A　10　　B　100　　C　1000　　D　10000

2. 水的黏度大小与(　　)有关。

A　温度　　B　密度　　C　流速　　D　压强

3. 水的黏度，即水的内部质点间或流层间因相对运动而产生内摩擦力以抵抗剪切变形的性质，它会随着水的温度的升高而(　　)。

A　不变　　B　变大　　C　变小　　D　不确定

4. 在水的自由表面上，由于分子间引力作用的结果，产生了极其微小的拉力，一般称这种拉力为(　　)。

A　水的拉力　　B　水的表面拉力　　C　水的表面张力　　D　水的表面力

5. 表面张力不可能发生在(　　)之间。

A　液体与固体　　B　液体与气体

C　气体与固体　　D　两者不相溶的液体

6. 水在静止状态下，其内部质点间不存在相对运动，其质点之间相互作用只有(　　)。

A　黏滞力　　B　压应力　　C　张力　　D　黏聚力

7. 在应用水静力学中，最早研究浮力的学者是希腊哲学家(　　)。

A　苏格拉底　　B　柏拉图　　C　阿基米德　　D　亚里士多德

8. 理想流体是忽略了(　　)的流体，它仅有压强的作用，沿着作用面的内法线方向，而且各向等值。

A　黏滞力　　B　温度　　C　压力　　D　压应力

9. 伯努利方程给出了位能、压力能和(　　)之间的相互转换关系。

A　势能　　B　热能　　C　动能　　D　电能

10. 实际液体在流动中，随沿程机械能递减并最终转化为(　　)而散失。

A　位能　　B　压能　　C　热能　　D　动能

11. 实际流体具有黏性，流体质点会黏附在壁面上，从而引起流速在壁面法向上产生较大的变化梯度，长直流道中流动通常为均匀流或渐变流，摩擦阻力沿流程均匀分布，其大小与流程长度成(　　)，称为沿程阻力。

A　正比例　　B　反比例　　C　无变化　　D　常量

12. 流动中的液体，它的总水头损失可分为(　　)水头损失和局部水头损失。

A　沿程　　B　管道　　C　流道　　D　重力

13. 实际流体中，流动的局部阻力大小，取决于(　　)。

A　流动速度　　B　流体高度　　C　流道形状　　D　流体压力

14. 实际流体中，流动受到局部扰动而集中产生的能量损失，我们通常称之为(　　)。

A　沿程水头损失　　B　摩擦水头损失　　C　局部水头损失　　D　局部能量损失

15. 下列不属于水的主要特性的是(　　)。

A　磁性　　B　压缩性　　C　膨胀性　　D　黏性

16. 水的密度在(　　)下最大。

A　0℃　　B　4℃　　C　16℃　　D　36℃

17. 处于相对运动的两层相邻流体之间的内摩擦力（或切力）T，其大小与液体的物理性质有关，并与流速梯度和流层的接触面积 A 成正比，并与液体的黏滞性有关，而与接触面上的压力无关。这是(　　)定律。

A　牛顿第一　　B　牛顿第二　　C　牛顿第三　　D　牛顿内摩擦

18. 当玻璃管插入水中时，玻璃管内水表面(　　)，而且表面张力作用使液面有所上升。

A　向下弯曲　　B　不变　　C　向上弯曲　　D　不确定

二、多选题

1. 牛顿内摩擦定律只适用于(　　)等牛顿流体，即切应力与剪切变形速度成线性比例关系的流体。

A　水　　B　汽油

C　油漆　　D　酒精

E　泥浆

2. 实验证明，水的压缩性和膨胀性都很小，只有在某些特殊情况下，例如(　　)才需要考虑水的压缩性和膨胀性。

A　突然关闭的阀门　　B　突然打开的阀门

C　自然循环的热水供暖系统　　D　温度突然下降的密闭容器

E　温度突然上升的敞口容器

3. 液体表面张力的方向总是垂直于长度方向，它的大小与液体的(　　)不同有关。

A　种类　　B　温度

C　装载的容器大小　　D　表面接触情况

E　体积

4. 水静力学是研究液体在静止状态下的受力平衡规律及其工程应用，水静力学多应用于(　　)。

A　水坝的倾覆力矩　　B　深水闸门的静力推力

C　水管爆管　　D　船体的最大载重能力

E　潜艇的航行速度

5. 实际流体元流的伯努利方程，它需要满足(　　)条件。

A　常密度流体的恒定流动

B　质量力仅含有重力

C　断面 1 和断面 2 是同一元流的两个断面

D　液体的黏度为零

E　管壁与液体的摩擦力为零

6. 关于层流与紊流，以下说法正确的是(　　)。

A　层流的流速稳定　　B　层流的流速较紊流高

C　紊流的流速时刻变化　　D　紊流的流速稳定

E　层流是杂乱的，而紊流的运动是有序的

7. 根据雷诺实验，下列说法正确的是(　　)。

A　相同管径下黏性较大的液体，其临界流速也大

B　相同管径下黏性较大的液体，其临界流速较小

C　相同液体在较大管径下，其临界流速也较大

D　相同液体在较大管径下，其临界流速反而较小

E　流速介于上、下临界流速之间时，多数为紊流

8. 下列有关水表运用水力学基础知识的是(　　)。

A　水表计量过程用到伯努利能量守恒原理

B　水表进出水直管段长度运用层流原理

C　水表进出水直管段长度运用紊流

D　水表有压力损失是因为有流动的局部损失

E　希望进入水表的水流呈现紊流的运动

9. 水表因结构不同会产生不同压力损失（水头损失），明显产生水头损失的结构有(　　)。

A　表壳内部结构变化大　　B　表壳内部结构变化小

C　过滤网　　D　叶轮盒进出水孔

E　电磁表缩径较多

三、判断题

(　　) 1. 水具有流动性，在运动状态下，水的内部质点间或流层间因相对运动而产生内摩擦力以抵抗剪切变形，这种性质叫作黏性。

(　　) 2. 水的黏性一般是随着温度和压强的变化而变化的，实验表明，压强是影响水黏性最主要的因素。

(　　) 3. 研究流体平衡的受力状态，分析静压强分布和势能转换规律，确定承压面流体的压力和力矩，是静力学的基本任务。

(　　) 4. 理想流体是忽略了黏滞力的流体，它仅有压强的作用，沿着作用面的内法线方向，而且各向等值。

(　　) 5. 水分子间的吸引力称为内聚力，水分子和固体壁面分子之间的吸引力称为附着力，当玻璃细管插入水中时，由于水的内聚力大于水同玻璃间的附着力，水将沿着壁面向上延伸，使水面向上弯曲成凸面。

（　　）6. 伯努利方程实际上就是能量守恒定律的具体表现形式。

（　　）7. 伯努利定理表明：有势力场作用下常密度理想流体的恒定流中单位质量流体的机械能沿着流线守恒。

（　　）8. 实际流体具有黏性，流动过程中变形运动产生内摩擦力，机械能不断地转化成热能而散失，机械能向热能转化符合能量守恒定律，但该过程是可逆的。

（　　）9. 长直流道中流动通常为均匀流或渐变流，摩擦阻力沿流程均布，其大小与流程长度成反比。

（　　）10. 常见流体流动中，质点运动有很强的不规则性，甚至没有确定性，按质点轨迹的规则性，流动分为层流和紊流，当流体雷诺准数 $Re<2000$ 时，流体的流动类型属于层流，而当 $Re>2000$ 时，流动类型属于紊流。

（　　）11. 流动的局部损失取决于流道局部扰动引起的流场结构调整，例如收缩、扩张或弯曲等，与流线收缩相比，流线扩张产生的能量损失要大得多。

四、问答题

1. 水和油的运动黏度分别为 $\gamma_1=1.5\times10^{-6}\text{m}^2/\text{s}$、$\gamma_2=50\times10^{-6}\text{m}^2/\text{s}$，设它们以流速 $V=0.8\text{m/s}$ 在直径 $d=100\text{mm}$ 的圆管中流动，求水和油的流态各是什么？（紊流或层流）

2. 南方某水表生产企业在当年夏天对一批 DN15（$Q_3=2.5\text{m}^3/\text{h}$，R125）的水表进行检定，该流量误差合格，但因故暂停该批剩余水表检定工作，之后进入冬季，因市场需求急要这批水表，该企业将该批剩余水表安排检定，但却出现大量水表的示值误差不合格，均表现为 Q_2 偏快，请你结合本章学习知识进行分析。（假设水的运动黏度为 $\gamma=1.5\times10^{-6}\text{m}^2/\text{s}$）

3. 常见到水表检定装置转子流量计调节阀放在转子流量计进水端，请运用本章知识说明转子流量计调节阀放在转子流量计进水端好还是出水端好？

4. 水表试压过程中没有使用增压泵，是如何利用水力学知识实现水表内水压增高的？

第 6 章　水表及其技术要求

一、单选题

1. 水表不能用来测量(　　)。

A　清洁水体积　　B　瞬时流量

C　污水处理厂流进来的污水量　　D　漏失量

2. 用于贸易结算(　　)水表属于强制检定。

A　DN15～DN50　　B　DN15～DN300

C　DN50～DN300　　D　大于 DN300

3. LXS-20 水表型号的含义是(　　)。

A　旋翼水表　　B　DN20 多流束旋翼湿式冷水水表

C　DN20 超声波水表　　D　DN20 多流束旋翼湿式热水水表

4. LXR-40 水表型号的含义是(　　)。

A　DN40 旋翼水表　　B　DN40 旋翼热水水表

C　DN40 垂直螺翼冷水水表　　D　DN40 垂直螺翼热水水表

5. (　　)不属于按计数器工作环境分类。

A　湿式　　B　干式　　C　液封　　D　电子显示

6. 湿式水表比干式水表(　　)。

A　怕晒　　B　玻璃不易冻坏　　C　灵敏性差　　D　对水质要求不高

7. 字轮式比指针式(　　)。

A　结构简单　　B　抄读方便　　C　成本低　　D　A+B+C

8. (　　)是湿式水表的基本特征。

A　玻璃不会冻坏　　B　度盘里没有水　　C　度盘里有水　　D　对水质要求不高

9. (　　)是干式水表的基本特征。

A　度盘与管路相通　　B　不用磁传

C　必须用钢化玻璃　　D　度盘里没有水

10. 干式表结构易于(　　)。

A　机电转换通信　　B　防盗　　C　修理　　D　怕晒

11. (　　)是指针式水表的基本特征。

A　多数字轮表结构不需要指针　　B　只有红色和黑色指针

C　指针式是在字轮式后面发明的　　D　生产成本高

12. (　　)是字轮式水表的基本特征。

A　有字轮机芯就没有指针　　B　字轮位数越多越好

C　液封机芯字轮部分都被液封　　D　字轮转动与指针一样同步

13. 容积式水表适宜计量(　　)。

A　自来水　　B　纯净水　　C　中水　　D　都适宜

14. GB/T 778 水表标准第 5 部分表述的是(　　)。

A　试验方法　　B　安装要求　　C　技术要求　　D　计量要求

15. 饮用冷水水表检定规程编号是(　　)。

A　JJG 686—最新年号　　B　JJG 126—最新年号

C　JJG 162—最新年号　　D　JJG 1113—最新年号

16. 冷水水表检定规程用于(　　)。

A　校准　　B　生产单位　　C　型式评价　　D　法制管理

17. 常用流量的含义是(　　)。

A　能长时间使用的最大流量　　B　能短时间使用的最大流量

C　数值可以自己试验定　　D　不能反映水表负载能力

18. Q_3/Q_1的含义是(　　)。

A　数值越小越好　　B　数值可以自己试验定

C　大小与Q_2无关　　D　数值越大越好

19. DN100 电磁水表Q_2/Q_1数值是(　　)。

A　6.3　　B　4　　C　2.5　　D　1.6

20. 不常用水表规格是(　　)。

A　DN20　　B　DN32　　C　DN50　　D　DN80

21. 水表规格 DN20 的含义是(　　)。

A　水表连接端内径　　B　水表连接端外径

C　连接端螺纹直径　　D　与内外径无关

22. 水表安全规则没有包含的部分是(　　)。

A　强制执行　　B　表壳材料　　C　机芯具体材料　　D　玻璃要求

23. 后续检定不需要检的项目是(　　)。

A　外观　　B　密封性　　C　示值误差　　D　电子功能

24. 一次检定水温变化不超过(　　)℃。

A　10　　B　8　　C　5　　D　3

25. 属于冷水水表的是(　　)。

A　T30　　B　T50　　C　T90　　D　A+B

26. (　　)不属于水表外观范畴。

A　水表编号　　B　涂层明显起泡

C　外壳色泽均匀　　D　指示装置有附件阻挡

27. 垂直螺翼水表的最小规格是(　　)。

A　DN20　　B　DN40　　C　DN50　　D　DN80

28. 旋翼水表的最大规格是 (　　)。

A　DN300　　B　DN200　　C　DN150　　D　DN100

29. 水表检定的类别有(　　)。

A　首次检定　　B　后续检定　　C　使用中检查　　D　A+B+C

30. 检定时水表上游压力变化不超过(　　)%。

A　10　　B　8　　C　5　　D　3

31. 使用中可以不检查的项目是(　　)。

A　标志　　B　外观　　C　封印　　D　密封性

32. 水表标识不可以标在(　　)。

A　外壳　　B　度盘　　C　可分离的表盖　　D　铭牌

33. 封印有(　　)。

A　机械封印　　B　电子封印　　C　封闭结构　　D　A 或 B 或 C

34. 使用中功能检查应(　　)。

A　一般在使用现场进行　　B　一般在检定站进行

C　可以不检　　D　A 或 B

35. 使用中密封性检查试验压力是(　　)。

A　1.6MPa　　B　使用条件下　　C　不检查　　D　1MAP

36. 密封性检查可以是(　　)。

A　在检定台上做　　B　在试压台上做　　C　A 或 B　　D　用压缩空气做

37. 经计算 Q_2 流量数值是 0.0512m^3/h，下列哪个数值可以用于检定，(　　)。

A　0.052　　B　0.051　　C　0.05　　D　都可以

38. 示值误差检定不包含(　　)。

A　Q_1　　B　Q_2　　C　Q_3　　D　Q_4

39. 2 级水表采用启停法一次检定用水量不小于水表最小检定分格值的(　　)倍。

A　300　　B　200　　C　100　　D　50

40. 检定合格的水表出具(　　)。

A　检定证书　　B　检定合格证　　C　A 或 B　　D　检定结果通知书

41. DN40 水表 Q_3=25m^3/h (　　)表述正确。

A　检定周期 4 年　　B　检定周期 2 年　　C　使用期限 4 年　　D　使用期限 6 年

42. DN50 水表有关检定周期表述正确的是(　　)。

A　检定周期从安装开始计算

B　超期使用不要紧

C　安装后用户没有使用，到期不需要检定

D　从最近一次检定时间算周期 2 年

43. 用于贸易结算(　　)水表可以不强制检定。

A　DN80　　B　DN40　　C　DN20　　D　DN15

44. 计量标准考核依据是(　　)。

A　JJF 1033　　B　JJF 1069　　C　JJG 162　　D　A+B+C

45. 满足计量标准考核规范要求的设备是(　　)。

A　密封性试验装置　B　水表检定装置　　C　测电子功能装置　D　A+B+C

46. 计量标准器重复性试验数据(　　)。

A　每年做 2 次　　B　重复做 3 遍

C　检定结果不确定度 A 类使用　　D　依据 JJG 162

47. 授权考核依据是(　　)。

A　JJF 1033　　B　JJF 1069　　C　JJG 162　　D　A+B+C

48. 授权考核检定站要编制(　　)。

A　质量手册　　C　程序文件　　C　A或B　　D　A+B

49. 授权考核后应(　　)。

A　保持体系连续运行　　B　持续改进

C　到下次考核前按要求提前申报　　D　A+B+C

50. DN40水表螺纹接口是(　　)。

A　M40　　B　G40　　C　G2B　　D　G3/4B

51. 饮用水冷水水表安全规则从(　　)方面明确要求。

A　材料　　B　尺寸　　C　重量　　D　A+B+C

52. 对水表铜件单重不许低于一定数值的目的是(　　)。

A　便于加工　　B　保障水表使用安全

C　统一要求　　D　A+B+C

53. 使用中检查的流量点是(　　)。

A　$Q_3/Q_2/Q_1$　　B　Q_3

C　$Q_3 \sim Q_2$之间任意一个点　　D　Q_2

54. 民用水表准入控制要求是(　　)。

A　获得型式批准证书　　B　获得生产许可证

C　获得维修许可证　　D　A+B

55. 参考条件用于(　　)。

A　检定　　B　生产　　C　型式评价试验　　D　A+B+C

56. 水表长度公差规定是(　　)。

A　正负差　　B　只有正偏差　　C　只有负偏差　　D　各种情况都有

57. 水表标识没有显示压力则应为(　　)MPa。

A　2　　B　1　　C　0.5　　D　没有要求

58. 水表度盘上有H符号含义是(　　)。

A　水平朝上安装　　B　垂直安装　　C　任意安装　　D　水平安装

59. DN20水表耐久性试验不少于(　　)天。

A　40　　B　38　　C　35　　D　30

60. DN20水表耐久性试验用水量不少于(　　)m^3。

A　2160　　B　2000　　C　1000　　D　700

61. 根据水表重复性评价其标准偏差要求3遍示值误差最大相差不能超过(　　)%。

A　1.25　　B　1.13　　C　0.5　　D　0.2

62. 常用流量Q_3说法正确的是(　　)。

A　额定工作条件下最大流量　　B　检定条件下最大流量

C　参考条件下最大流量　　D　任何条件下最大流量

63. 个位字轮与十位字轮的传递关系是(　　)。

A　等比例传递

B　个位字轮接近转一圈时十位字轮才开始转

C　个位字轮直接传递十位字轮

D　带动个位字轮转动的轴也带动十位字轮转

64. 0.1位指针齿轮与个位字轮的传递关系是(　　)。

A　0.1位指针接近转一圈时个位字轮才开始转

B　个位字轮直接通过齿轮接受传递

C　等比例传递

D　0.1位指针不会出现相对个位字轮偏针

65. 依据DN15水表$K=29.66$和DN20表$K=22.5$判定，当错把DN20计数器当作DN15水表计数器时，用其示值误差会(　　)。

A　变慢很多　　B　变快很多　　C　不变　　D　不确定

66. 机械式水表装配常用形式是(　　)。

A　字轮式　　B　指针式

C　字轮—指针组合式　　D　叶轮—电子组合式

67. 检定站技术人员对待水表装配的态度是(　　)。

A　水表生产单位的事与检定无关　　B　不需要了解基本装配知识

C　装配与水表检定质量无关　　D　了解水表装配特点有用

68. 与水表调试无关的是(　　)。

A　检定　　B　生产　　C　定型　　D　B+C

69. 水流作用于叶轮时的流速影响因素是(　　)。

A　叶轮盒进水孔流通面积　　B　调节孔面积

C　水压　　D　A+B

70. 对于生产调试说法正确的是(　　)。

A　可调节部位越多越好

B　生产调试可以不做

C　可调节部位越少定型尺寸合理性越好

D　只做数量不多的水表性能调试不能代表几千个机芯特性

71. 生产调试可以做成固定结构的是(　　)。

A　顶尖高度　　B　调节孔　　C　上调节板位置　　D　A+B+C

72. 定型调试时需改变的零件是(　　)。

A　计数器　　B　叶轮盒　　C　壳体　　D　齿轮盒

73. (　　)要做定型调试。

A　齿轮更换材料　　B　购进一批R125机芯

C　R80改R125　　D　表壳更换生产单位

74. 调试影响因素包含(　　)。

A　叶轮在叶轮盒上下位置　　B　叶轮盒内径

C　调节孔角度和位置　　D　A+B+C

75. 机芯内有杂物会使水表(　　)。

A　出现较大负偏差　　B　出现较大正偏差

C　不受影响　　D　A或C

76. 管道中有气泡会使水表(　　)。

A　产生负偏差　　B　产生正偏差　　C　A或B　　D　不影响误差

77. 水表重复性评价测量多少(　　)次。

A　3　　B　5　　C　8　　D　10

78. 旋翼水表样机试验流量点有(　　)个。

A　3　　B　4　　C　6　　D　8

79. 断续磨损试验流量是(　　)。

A　Q_4　　B　Q_3　　C　Q_2　　D　Q_1

80. 断续磨损后示值误差要求是(　　)。

A　不超过最大允许误差　　B　允许误差有点变化

C　不允许误差有点变化　　D　A+B

81. 压力损失试验评价水表压损不许超过(　　)MPa。

A　1　　B　0.1　　C　0.063　　D　0.04

82. 旋翼水表叶轮计量机构应具备的性能有(　　)。

A　叶轮转动量与流经水表的水量成正比

B　很小流量叶轮也能连续转动

C　机械阻力足够小

D　A+B+C

83. 旋翼水表外部组成应具备的性能有(　　)。

A　与管道连接方便　　B　承受一定水压

C　具有一定的使用寿命　　D　A+B+C

84. 旋翼水表计数机构具备的性能有(　　)。

A　准确记录水量　　B　连续正常工作

C　显示要有记忆性　　D　A+B+C

85. 旋翼水表计量公式 $N=KQ$ 的含义是(　　)。

A　叶轮转动总圈数与通过水量成正比　　B　K 是常数

C　A+B　　D　K 与叶轮半径无关

86. 旋翼水表装配可以分为(　　)。

A　字轮系装配　　B　计数器齿轮链装配

C　成品表装配　　D　A+B+C

87. 水平螺翼水表性能最好的类型是(　　)。

A　整体式　　B　可拆式　　C　动平衡式　　D　都好

88. 螺翼水表调整误差说法正确的是(　　)。

A　水平螺翼是内调式　　B　垂直螺翼是内调式

C　垂直螺翼是外调式　　D　A+B

89. 复式表的流量特性是(　　)。

A　R 值特大　　B　流量变化较大场合

C　对水中杂物敏感　　D　A+B+C

90. 螺翼水表流量误差是调整(　　)。

A　导流孔直径　　B　导流板角度　　C　蜗轮位置　　D　B+C

二、多选题

1. 水表可以用来测量(　　)。

A　封闭管道清洁水体积　　B　可封闭可不封闭管道清洁水体积

C　瞬时流量　　D　漏损量

E　未处理污水体积

2. 水表型号中可以省略含义的有(　　)。

A　热水表　　B　冷水表

C　指针字轮组合式　　D　指针式

E　干式

3. 型号 LXRGY-100 包含(　　)含义。

A　规格 DN100　　B　垂直螺翼

C　水平螺翼　　D　干式

E　远传

4. 容积式表有(　　)。

A　单缸往复活塞式　　B　旋转活塞式

C　圆盘式　　D　复式

E　电子式

5. 水表按用途可以分为(　　)。

A　民用水表　　B　区域监控水表

C　复式水表　　D　消防用水表

E　工业用水表

6. 目前不能用于直饮水计量的水表有(　　)。

A　活塞式　　B　垂直螺翼式

C　水平螺翼式　　D　旋翼干式

E　超声波

7. 水表检定会涉及的方面有(　　)。

A 产品标准选用　　B　型式批准

C　计量标准考核　　D　授权考核

E　监督检查

8. 水表标准 GB/T 778—2018 包含有(　　)。

A　计量要求和技术要求

B　试验方法

C　试验报告格式

D　计量要求和技术要求未包含的非计量要求

E　安装要求

9. 水表常用符号正确表示的有(　　)。

A Q_1　　B Q_5

C qt　　D T30

E $\Delta p63$

10. 常用流量数值正确表达的有（　　）。

A 2　　B 2.5

C 6.3　　D 200

E 250

11. R 数值正确表达的有（　　）。

A 63　　B 125

C 200　　D 300

E 400

12. 型式评价项目中属于法制管理要求的有（　　）。

A 计量单位　　B 外部结构

C 标志　　D 封印和防护

E 最大允许误差

13. 标识中可以省略的有（　　）。

A 准确度等级为 2 级　　B 压力损失 0.04MPa

C 最高水温为 30℃　　D 最大允许压力 1MPa

E $Q_2/Q_1=1.6$

14. 型式试验中静压力试验在（　　）要求下水表无渗漏。

A 1.6MPa/ 15min　　B 1.6MAP/15min

C 2MPa/1min　　D 2MAP/1min

E 1.6MPa/1min

15. DN20 水表流量示值误差型式试验时比检定增加的流量点有（　　）。

A 0.3（Q_2+Q_3）　　B 0.35（Q_2+Q_3）

C 0.7（Q_2+Q_3）　　D 0.75（Q_2+Q_3）

E Q_4

16. 水表型号第 1 节第 3 位表示水表的（　　）。

A 测量原理　　B 主要结构特征

C 局部结构特征　　D 附加适用功能

E 冷热水

17. 电子类比机械类水表有（　　）缺点。

A 售价高　　B 环境要求高

C 损坏不容易查见到用量　　D 水中杂物敏感

E 不容易智能

18. 有机械传动的水表是（　　）。

A 旋翼湿式电子显示远传水表　　B 电磁水表

C 复式水表　　D 垂直螺翼干式水表

E 超声波水表

19. 水表是(　　)。

A　工业产品

B　计量仪表

C　厨房用品

D　贸易结算器具

E　民生计量器具

20. 水表生产涉及(　　)。

A　产品标准选用

B　型式批准

C　质量监督抽查

D　计量标准考核

E　水表检定

21. 水表生产涉及的标准和规范有(　　)。

A　GB/T 778

B　CJ 266

C　JJF 1777

D　JJF 1033

E　JJG 686

22. 水表检定场所应无(　　)。

A　明显的振动

B　外磁场干扰

C　潮湿

D　水温监测

E　环境温度监测

23. 2级水表采用启停法检定水表一次用水量应(　　)。

A　不小于水表最小检定分格值100倍

B　不小于水表最小检定分格值200倍

C　不小于检定流量1min对应体积

D　不小于检定流量2min对应体积

E　按给定的量筒体积

24. 计量标准考核提供的资料有(　　)。

A　计量标准考核申请书

B　质量手册

C　检定证书复印件

D　计量标准技术报告

E　检定原始记录

25. 计量标准技术报告里包含(　　)。

A　计量标准量值溯源和传递框图

B　计量标准器稳定性考核记录

C　检定结果的重复性试验记录

D　检定结果的不确定度评定

E　检定结果的验证

26. 计量标准考核后应(　　)。

A　保管好《计量标准考核证书》

B　按期送检证书涉及的计量器具

C　保存好证书有效期内的计量器具检定证书

D　只保存好最后一次计量器具检定证书

E　证书到期前6个月提交复审申请

27. 申请授权考核提供的资料有(　　)。

A　考核申请书

B　机构依法设立的文件

C　考核项目表B1

D　质量手册

E　部门负责人任命文件

28. 计量授权证书内容包含(　　)。

A　授权范围　　B　开展检定范围
C　证书有效期　　D　下次申请时间
E　发证部门

29. 压力损失试验条件有(　　)。

A　水表检定装置　　B　差压计
C　符合规定的取压口　　D　流量在 Q_1～Q_3 之间
E　水表进出水端装压力表

30. 断续试验相关正确要求有(　　)。

A　中断次数 10 万　　B　停止时间 15s
C　通水时间 10s　　D　停止时间 10s
E　通水时间 15s

31. 水表重复性标准偏差计算与(　　)有关。

A　系数 1.59　　B　示值误差最大值
C　示值误差平均值　　D　示值误差最小值
E　系数 1.69

32. 关注机电转换误差的水表有(　　)。

A　NB-IOT 旋翼水表　　B　IC 卡水表
C　垂直螺翼远传水表　　D　电磁远传水表
E　超声波远传水表

33. 复式表检定流量点有(　　)。

A　Q_3　　B　$0.9Q_{x1}$
C　$1.1Q_{x2}$　　D　Q_2
E　Q_1

34. 如不受偏离参考条件影响应(　　)。

A　测量偏离条件的实际值　　B　记录试验情况
C　录入型式评价报告　　D　不需考虑
E　还按参考条件试验

35. 型式评价项目中属于计量要求的有(　　)。

A　计量单位　　B　水表流量特性
C　准确度等级　　D　重复性
E　指示装置

36. 计量标准考核规范包含(　　)。

A　考核要求　　B　考核程序
C　考评　　D　考核的后续监管
E　术语和定义

37. 水表检定后依据(　　)确定后续使用时间。

A　水表规格　　B　水表何时安装
C　水表安装后何时使用　　D　水表 Q_3 流量
E　水表使用条件

38. 检定与出厂检验的共同点有(　　)。

A　依据相同　　B　检示值误差

C　查密封性　　D　看外观

E　测电子功能

39. 出厂检验与型评试验相比不需要做(　　)。

A　重复性　　B　6点示值误差

C　压力损失　　D　电子功能

E　外观

40. 连续磨损要求有可能是(　　)。

A　Q_3/100h　　B　Q_4/100h

C　Q_3/200h　　D　Q_4/200h

E　Q_4/300h

41. 水表准确度等级有(　　)级。

A　4　　B　3

C　2　　D　1

E　0

42. 检定环境条件包含(　　)。

A　环境温度范围　　B　水温范围

C　水温变化范围　　D　水源压力范围

E　检定场所无明显振动

43. 使用中检查下列说法正确的是(　　)。

A　流量选择 Q_3～Q_2 之间任意一个点　　B　示值误差±4%内合格

C　密封性不需要在实验室做　　D　电子功能以现场为准

E　外观包含安装是否符合要求

44. 饮用水冷水水表安全规则关注(　　)。

A　表壳　　B　管接头

C　连接螺母　　D　机芯

E　湿式水表玻璃

45. 水表标识必须看到(　　)。

A　编号　　B　计量单位

C　Q_3值　　D　准确度等级

E　温度等级

46. 涉及常用流量 Q_3 的方面有(　　)。

A　在给定的数列中选　　B　标注在水表上

C　Q_1依据 Q_3 计算出　　D　使用中最好不要超过

E　检定时流量不要超过

47. 字轮计数机构有(　　)零件。

A　字轮　　B　四八牙轮

C　蜗轮　　D　蜗杆

E　字轮轴

48. 旋翼水表 K 值说法正确的是(　　)。

A　已确定　　B　是常数

C　与水表计量原理有关　　D　与水表计量原理无关

E　与螺翼表数值相同

49. DN20 旋翼水表装配包含(　　)等零部件。

A　表壳　　B　机芯

C　接管　　D　罩子

E　盖子

50. 水表性能调试中水流对叶轮作用位置应关注的方面有(　　)。

A　叶轮盒进水孔高度、方向　　B　叶轮盒出水孔高度、方向

C　叶轮在叶轮盒里的装配位置　　D　预留叶轮上下窜量

E　叶轮重量

51. 生产调试中对已定型产品的可调节部位有(　　)。

A　调节孔大小　　B　叶轮盒位置

C　调节孔角度　　D　叶轮外径

E　齿轮模数

52. 定型调试时不需要调整的是(　　)。

A　叶轮盒　　B　表壳

C　齿轮盒　　D　罩子

E　计数器

53. 缩短调试过程应关注(　　)。

A　罩子旋紧力　　B　用同一只表壳

C　水压脉动要小　　D　减少管道里空气

E　K 值

54. 复式水表基本组成有(　　)。

A　大表　　B　小表

C　转换阀　　D　过滤器

E　远传装置

55. 水平螺翼表与其余水表不同之处有(　　)。

A　无过滤网　　B　安装长度短

C　重量轻　　D　水流不是低进高出

E　外调示值误差

56. 复式表的工作特点有(　　)。

A　阀门控制小表是否转　　B　阀门控制大表是否转

C　小表一直在转　　D　阀门关闭时大表在转

E　流量小时大表不转

57. 水平螺翼表计量结构类型有(　　)。

A　整体式　　B　可拆式

C　液封式　　D　动平衡式

E　干式

58. 垂直螺翼表与旋翼表相比下列说法正确的有(　　)。

A　垂直螺翼量程大　　B　DN100 垂直螺翼较轻

C　垂直螺翼没有 DN20 表　　D　垂直螺翼没有过滤网

E　安装长度一样

59. 关于水表用齿轮正确的说法有(　　)。

A　大模数齿轮比小模数齿轮耐用　　B　大模数齿与小模数齿大小一样

C　电磁水表不用齿轮　　D　水表内齿轮是减速传动

E　使用梅花针采集数据检表不易发现齿轮链故障

60. 有一只 NB-IoT 旋翼水表机电转换检查一遍发现机械数据与电子数据相差超过 2 个机电转换当量，其原因会是(　　)。

A　电池电量不够　　B　初始数据设置不一致

C　检查软件故障　　D　机电转换信号采集有故障

E　水表有倒转情况

三、判断题

(　　) 1. 水表不可以用来测未处理过的污水。

(　　) 2. 水表已列入法制管理计量器具。

(　　) 3. 湿式水表度盘与管路的水不通。

(　　) 4. 湿式水表玻璃比干式容易冻坏。

(　　) 5. 字轮式水表直观性强。

(　　) 6. 湿式水表度盘里看到有水是表坏了。

(　　) 7. Q_3数值必须在系列中选，且越大越好。

(　　) 8. 水表安全规则不是强制执行。

(　　) 9. 首次检定与后续检定要求一样。

(　　) 10. 环境温度要求与检定方法无关。

(　　) 11. 热水水表温度等级是 T50。

(　　) 12. 使用中检查外观不重要。

(　　) 13. 标志检查只需要用目测就可以。

(　　) 14. 水表安装连接口也可以装封印。

(　　) 15. 检定时电子功能可以抽检。

(　　) 16. 检定结果通知书必须说明不合格情况。

(　　) 17. 计量标准器重复性数值越大越好。

(　　) 18. 出厂检验可以抽检。

(　　) 19. 使用中检查合格应出具检定证书。

(　　) 20. 水平螺翼表长度都是较短的。

(　　) 21. 水表重复性评价用标准偏差按极差法计算。

(　　) 22. 水表示值误差都在允许最大范围内不一定合格。

(　　) 23. 水表 Q_3/Q_1 越大，说明水表准确度等级越高。

(　　) 24. 使用中检查只有用户提出。

(　　) 25. 饮用水冷水水表安全规则给出的单件重量是最小值。

(　　) 26. 示值误差检定时 Q_2 流量点可以取比计算的 Q_2 略小。

(　　) 27. 水表标识应在使用中不拆卸表时可见。

(　　) 28. 字轮组排列装配好后手指直接能拨动百位字轮转动。

(　　) 29. 旋翼水表计数器 K 值作为常数已确定。

(　　) 30. 水表装配对水表性能影响较大。

(　　) 31. 水表调试是指导检定的重要手段。

(　　) 32. 水压脉动会对小流量产生正偏差。

(　　) 33. 复式表小表会先磨损。

四、问答题

1. 根据水表型号 LXRGY-50R，写出水表产品名称。

2. 常用速度式水表有哪些？为何叫速度式？

3. 水表分类有何意义？

4. Q_4、Q_3、Q_2、Q_1 数值确定应按何规定？

5. 螺纹连接水表螺纹是什么螺纹？与公称口径有何关系？

6. 水表检定项目有哪些？其中哪项在何种情况下不检？

7. 使用时的检查项目中什么项目必须以现场为准？什么项目尽可能在现场检？

8. DN20 水表，度盘显示 $Q_3=4$ R100 当在 Q_2 流量下检定，水表读数始为 45.0L、末为 55.15L，标准量筒为 10L，请计算 Q_2 以及 Q_2 的示值误差 E_2。如 $E_3=1.3\%$、$E_1=3.5\%$，请说明该表示值误差是否合格，并说明原因。

9. 已知某水表流量在 $16m^3/h$ 时压力损失是 0.025MPa，问该水表流量在 $25m^3/h$ 时压力损失 ΔP 是多少？(保留小数点后 3 位)

10. 齿轮是配对传递的，DN15 水表前 3 级配对是 10/25、9/31、9/31，也就是叶轮传递到 0.1L 位的情况，请计算传递速比 i（叶轮转速/0.1L 位齿轮转速）是多少？（保留小数点后 2 位）如灵敏针是 6 瓣，请计算灵敏针转 1/6 圈水量 Q 是多少升？（保留小数点后 5 位）

11. DN15 水表在 Q_3 流量下重复测量 3 次得到 1.2%、1.8%、1.9%，请计算该流量点标准偏差 S，并评价是否符合要求？

12. 根据水表重复性标准偏差要求，请计算水表示值误差检定三遍最大允许相差多少？与日常感受有区别吗？

第 7 章　电子水表及远传输出装置

一、单选题

1. 智能水表的特点是(　　)。

A　显示读数　　B　计量水量

C　方便抄读　　D　机械读数转换成电子数据

2. 预付费水表最主要的特征是(　　)。

A　先用水后付费　　B　先付费后用水

C　先买水表后用水　　D　A 或 C

3. (　　)是电子水表。

A　旋翼式水表　　B　垂直螺翼水表　　C　电磁水表　　D　干式水表

4. 流过电磁水表的介质应是(　　)。

A　电绝缘介质　　B　水溶性介质　　C　可导电介质　　D　可燃性气体

5. 标称口径的电磁水表其实际内径往往小于标称口径，是为了(　　)。

A　控制用水量　　B　防止外界干扰

C　提高流速从而提高测量精度　　D　减轻重量

6. 电磁水表不能用于测量(　　)。

A　纯净水　　B　中水　　C　污水　　D　雨水

7. 流经电磁水表的液体流速太慢或太快对测量精度(　　)影响。

A　有　　B　无　　C　不确定　　D　看介质

8. 不是电磁水表组成部分的是(　　)。

A　磁路系统　　B　电极　　C　转换器　　D　被测介质

9. 电磁水表的主要组成部分是外壳、衬里、磁路系统、(　　)。

A　电介质　　B　转换器　　C　前直管段　　D　后直管段

10. 电磁水表节省电能的方法是(　　)。

A　降低电压　　B　降低电流　　C　间断励磁　　D　改变频率

11. 电磁水表通常励磁间断时间为(　　)s。

A　1　　B　2　　C　11　　D　15

12. 电磁水表介质电导率不得低于(　　)μs/cm。

A　5　　B　8　　C　10　　D　15

13. 电磁水表在安装中错误的是(　　)。

A　满管介质　　B　进水端直管长度大于 10D

C　避免强磁环境　　D　不能露天

14. 电磁水表安装在湍流或涡流环境时要(　　)。

A　改变口径　　B　加装直管段或稳流器

C　改变励磁间隔时间　　D　改变安装方向

15. (　　)不是影响电磁水表测量精度的因素。

A　低电压　　B　励磁间隔时间　　C　水温　　D　管道中有空气

16. 影响电磁水表测量精度的因素是(　　)。

A　水温　　B　密度　　C　黏度　　D　涡流

17. 电磁水表可测量正向总量、反向总量和(　　)。

A　水压　　B　瞬时流量　　C　水温　　D　A+B+C

18. 超声波水表可通过测量超声波在顺流和逆流传播的(　　)来测量流速。

A　时间差　　B　电压差　　C　电流差　　D　压力差

19. 超声波水表按信号检测原理可分为速度差法、(　　)、多普勒法等。

A　电压差法　　B　波束偏移法　　C　电流差法　　D　温度差法

20. 超声波水表最突出的优势是测量(　　)口径流量。

A　小　　B　中　　C　大　　D　特大

21. 超声波水表安装时对(　　)没有要求。

A　直管段长度　　B　强磁场环境

C　流经液体电导率　　D　流体是否充满管道

22. 外夹式超声波水表在安装使用一段时间后超声信号低可能是(　　)。

A　结垢严重　　B　耦合剂失效使探头与管壁有间隙

C　流体电导率发生变化　　D　A或B

23. 预付费水表主要有(　　)、TM卡水表。

A　电磁水表　　B　IC卡水表　　C　超声波水表　　D　干式水表

24. 远传水表是水量数据(　　)的一类水表。

A　传输到远离水表部位　　B　处理存储

C　自我纠错　　D　及时更新

25. 远传水表把数据用不同方式传输到远离水表部位，不正确的方法是(　　)。

A　有线组网集中传输　　B　互联网

C　红外线传输　　D　短距离无线传输

26. 短距离无线远传水表组网中最大的问题是(　　)。

A　水表精度　　B　无线电波遇到建筑物衰减

C　水表供电　　D　集中器安装地点

27. IC卡水表是通过(　　)进行数据传输或设置变更。

A　人工现场设置　　B　电话　　C　互联网　　D　IC卡片

28. IC卡水表是通过(　　)对超额用水进行控制。

A　管理员　　B　控制阀　　C　电池　　D　显示屏

29. 电磁水表是应用电磁感应原理，根据导电流体通过外加磁场时感生的(　　)来测量流体流量的一种仪器。

A　电流　　B　电荷　　C　电动势　　C　电感

30. 安装在管道上的电磁水表，当水垢沉积在管道壁上时会造成计量(　　)。

A　变正　　B　变负　　C　不变　　D　不确定

31. 电磁水表不能用于检测(　　)液体。

A　导电　　B　非导电　　C　低导电　　D　高导电

32. 电磁水表使用中，当水流速度越低时测量精度越(　　)。

A　高　　B　低　　C　不确定　　D　前高后低

33. 电磁水表由(　　)、测量管、电极、衬里、转换器组成。

A　叶轮　　B　过滤网　　C　超声发射器　　D　电源

34. 电磁水表衬里材料可选(　　)。

A　不锈钢　　B　铜　　C　绝缘橡胶　　D　导电塑料

35. 电磁水表为了节省能耗最常用(　　)的励磁方式来节能。

A　连续　　B　间隔　　C　由流量控制　　D　由电压控制

36. 电磁水表通过改变(　　)来达到节能目的。

A　励磁时间　　B　电压　　C　电流　　D　励磁强度

37. 电磁水表在安装时要使电极处于(　　)状态，以防止沉淀物影响测量精度。

A　倾斜　　B　水平　　C　垂直　　D　A或B或C

38. 电磁水表安装场所应避免(　　)。

A　阳光直射　　B　雨淋　　C　低温　　D　强磁场和振动

39. 与电磁水表测量精度无关的因素是(　　)。

A　工作电压　　B　被测液体温度

C　磁场强度　　D　被测液体导电率

40. 时差法就是通过测量超声波在水流中的(　　)变化来测量流量

A　速度　　B　频率　　C　强度　　D　波长

41. (　　)不属于超声波水表按工作原理分类。

A　时差法　　B　压差法　　C　相位差法　　D　频差法

42. 超声波水表安装位置应避免(　　)干扰。

A　阳光　　B　雨淋　　C　强振动　　D　潮湿

43. 超声波水表容易受涡流影响，要求不少于前后直管段长度(　　)。

A　U10/D5　　B　U5/D10　　C　U5/D5　　D　U10/D10

44. 超声波水表安装时，安装点上游距水泵应有(　　)距离。

A　5D　　B　10D　　C　15D　　D　30D

45. 预付费水表主要用于(　　)。

A　工业用户　　B　居民　　C　消防　　D　A+B+C

46. 智能水表是在原机械水表读数装置上加装传感器，将原水表机械读数转换成(　　)，然后收集处理。

A　图像信号　　B　声波信号　　C　电信号　　D　A或B或C

47. 远传水表机械信号转换成电信号模式大致分为：瞬时型、(　　)。

A　间接型　　B　逻辑型　　C　直读型　　D　配比型

二、多选题

1. 电磁水表是应用电磁感应原理，根据(　　)通过外加(　　)时感生的电动势来测量流体的流量。

A　导电流体　　B　磁场
C　金属导体　　D　电压
E　电流

2. 电磁水表能测量(　　)。

A　纯净水　　B　矿泉水
C　自来水　　D　污水
E　碱溶液

3. 电磁水表由(　　)组成。

A　磁路系统　　B　磁铁
C　电极　　D　测量管
E　转换器

4. 电磁水表安装时应在(　　)时使用。

A　被测介质充满测量管段　　B　不能垂直安装
C　避免有磁场及强振动源　　D　不需要前后直管段
E　可以水淹

5. (　　)会影响电磁水表测量精度。

A　被测液体电导率大小　　B　电压过低
C　测量管段内径变小　　D　电极表面结垢
E　直管段长度

6. (　　)是电磁水表具备的优点。

A　可以测量瞬时流量　　B　不受流体密度、温度影响
C　无机械损坏　　D　压力损失小
E　可以测量反向累积量

7. 超声波水表按工作原理分为(　　)。

A　时差法　　B　相位差法
C　压差法　　D　波差法
E　频差法

8. 超声波水表优点有(　　)。

A　特大管径测量　　B　无接触测量
C　管道外夹测量　　D　对流体电导率、卫生无要求
E　测量部件不随管径增大而成本增大较多

9. 超声波水表安装要满足(　　)。

A　不能有强磁场强振动　　B　上下游有足够的直管段
C　流体应充满管道　　D　进口装过滤器
E　水平安装

10. 物联网水表的特点有(　　)。

A　自行布网　　B　使用移动网络

C　使用电信网络　　D　使用联通网络

E　使用有线电视网络

11. 远传表传感器有(　　)。

A　干簧管　　B　无磁感应线圈

C　霍尔元件　　D　编码

E　机械微动

12. 编码式远传水表信号传感器是通过检测字轮转动到不同角度，来确定字轮所表示的数字，其形式有(　　)。

A　电阻式　　B　触点式

C　光电式　　D　指针式

E　电压式

13. 预付费水表由(　　)组成。

A　基表　　B　控制器

C　无线手机卡　　D　控制阀

E　信号转换器

14. 预付费水表控制阀有(　　)。

A　蝶阀　　B　球阀

C　闸阀　　D　陶瓷阀

E　膜片阀

15. 卡式表用球形阀其缺点有(　　)。

A　驱动力矩大　　B　磨损后会漏水

C　不抗磁干扰　　D　压损大

E　能耗大

16. 超声波水表使用一段时间会出现探头报警，可能原因有(　　)。

A　管径改变　　B　探头表面结垢

C　波长频率改变　　D　超声波强弱改变

E　水质改变

17. 超声波水表选型应满足(　　)。

A　管道通径　　B　流量范围

C　被测液体特性　　D　安装环境

E　输出电流

18. 按安装方式分类超声波水表分为(　　)。

A　插入式　　B　管段式

C　单声道式　　D　外夹式

E　多声道式

19. 瞬时型远传表是在机械水表计数机构上加装(　　)其中一部分实现机电转换的。

A　干簧管　　B　霍尔元件

C　光电元件　　　　　　　　　D　无磁传感器

E　磁铁

20. 水表机电转换当量常用的有(　　)。

A　0.1L　　　　　　　　　　B　1L

C　10L　　　　　　　　　　 D　100L

E　10000L

21. 超声波水表是通过压电换能器实现超声波发射接收的，下列说法正确的是(　　)。

A　压电元件通电能产生超声波　　　B　压电元件接收到超声波能转换成电压

C　压电元件受水压能产生声波　　　D　压电对水压产生影响

E　水流速影响压电元件产生超声波

22. 电磁水表安装时要有防雷击措施，通常是有效接地，正确的接地方法有(　　)。

A　接地线与水表外壳连接

B　接地线与金属水管有效连接

C　在表井里用金属扦插入地下 0.5m 以上并与接地线连接

D　接地线与金属表井盖连接

E　接地线与塑料水管有效连接

23. 电磁水表传感器检查测试步骤是(　　)。其中 a、b 是电极接线端，c 是接地端。

A　水表工作状态时用万用表测 a-c 和 b-c 之间的电阻值应大致相等，若差异大于 1 倍则电极可能出现渗漏

B　用万用表测 c 端与连接法兰之间阻值应很小

C　在衬里干燥时用兆欧表测 a-c 和 b-c 之间绝缘电阻，应大于 200MΩ

D　用万用表测量励磁线圈引出线端子 XY 之间电阻，应小于 200Ω

E　检测 XY 与 c 之间的绝缘电阻，应大于 200MΩ

24. 电磁水表通过(　　)进行故障分析。

A　安装方面　　　　　　　　B　气温方面

C　环境方面　　　　　　　　D　流体方面

E　雷电打击

25. IC 卡水表使用寿命与(　　)有关。

A　表壳材料　　　　　　　　B　基表

C　电池　　　　　　　　　　D　控制阀

E　电子元件

26. 相比(　　)宜作为远传水表的基表。

A　干式水表　　　　　　　　B　超声波水表

C　电磁水表　　　　　　　　D　湿式水表

E　液封水表

27. 某处需要垂直安装一只水表，(　　)适宜选用。

A　垂直螺翼水表　　　　　　B　旋翼水表

C　超声波水表　　　　　　　D　电磁水表

E　容积式水表

三、判断题

（　　）1. 电磁水表衬里要保证内径稳定可以采用不锈钢制造。

（　　）2. 电磁水表电极表面沉淀一层钙质物会造成测量精度失准。

（　　）3. 电磁水表可以测量小区二次净化的直饮水。

（　　）4. 电磁水表没有运动部件，所以流速越慢测量精度越高。

（　　）5. 磁路系统是电磁水表最重要的组成部分之一。

（　　）6. 电磁水表可以采用间隔励磁来节省电耗。

（　　）7. 电磁水表垂直安装时可以不考虑电极连线方向。

（　　）8. 电磁水表应安装在管道最高处。

（　　）9. 电磁水表选型时除要考虑介质特性和管道口径，还要满足满量程大于最大流量，正常流量大于量程50%。

（　　）10. 可以通过电磁水表瞬时流量判定水表是否装反。

（　　）11. 外夹式超声波水表可以不改变原管道就能测量水量。

（　　）12. 超声波水表可以安装在水泵出水口附近。

（　　）13. 常用的无线远传水表可以预付费后用水。

（　　）14. 手机可以接收到无线远传水表数据。

（　　）15. 直读型远传水表信号转换模式没有信号转换累计误差。

（　　）16. 智能水表是在传统机械水表基础上把用水量转换成电子数据信息，以便于采集、传输、贮存。

（　　）17. 远传水表可以通过有线或无线方式组网。

（　　）18. 电磁水表在安装时电极连线要水平。

（　　）19. 电磁水表通过降低工作电压来节省电能。

（　　）20. 管道中液体流速不会影响电磁水表的测量精度。

（　　）21. 电磁水表最重要的组成部分是磁路系统。

（　　）22. 超声波水表不能测量纯净水。

（　　）23. 外夹式超声波流量计优先安装在致密度低的塑料管道上。

四、问答题

1. 工厂设计冷却塔供水，要求冷却水量16m^3/h，流速以3m/s为宜，求管道口径（π取3）。

2. 电磁水表选型应关注哪些?

3. 电磁水表安装要注意的事项有哪些?

4. 电子类水表投运一段时间发现水表工作不正常，在水表自身无问题时应首先检查什么?

5. 简述预付费水表工作原理。

第8章 水表检测设备

一、单选题

1. 水表检定装置组成有(　　)。

A 标准器　　B 夹紧器　　C 瞬时流量指示计　　D A+B+C

2. 水表检定装置可用于(　　)。

A 示值误差检测　　B 压力损失检测　　C 密封性检查　　D A+B+C

3. 不属于收集法用于示值误差检定的是(　　)。

A 启停容积法　　B 标准表法　　C 启停质量法　　D 换向法

4. 流量时间法是(　　)。

A 换向法　　B 活塞式　　C 标准表法　　D B或C

5. 常用水表检定装置按管径分为(　　)。

A DN15～DN25　　B DN40～DN50　　C DN15～DN200　　D A+B

6. 水表检定装置按用途分为(　　)。

A 生产校验　　B 建标检定　　C A+B　　D 大表或小表检定

7. 单表位装置多用于(　　)。

A 性能调试　　B 争议水表检定　　C 台位比对基准　　D A或B或C

8. 单表位装置(　　)。

A 结构简单　　B 效率低　　C 性能稳定　　D A+B+C

9. 串联水表检定装置多用于(　　)。

A 水表生产　　B 水表检定　　C 争议水表检定　　D A或B

10. 转子流量计读数位置是(　　)。

A 转子上端最小平面　　B 转子上端最大平面

C 转子最上端平面　　D 转子最下端平面

11. 介质为水的转子流量计其准确度与(　　)有关。

A 水密度　　B 转子上下位置　　C 内壁光滑程度　　D A+B+C

12. 容积法量筒采用缩颈是为了(　　)。

A 提高计数分辨力　　B 增加量器的量限

C 好看　　D 减少占地

13. 量筒采用葫芦型或隔板型的好处是(　　)。

A 好看　　B 减少占地

C 增加量器的量限和分辨力　　D B+C

14. 耐压试验台主要由(　　)组成。

A 夹紧装置　　B 增压机构　　C 压力显示仪表　　D A+B+C

15. 加速磨损装置不包含(　　)。

A　供水系统　　B　量筒　　C　管道系统　　D　控制系统

16. 检定站必须配备的水表检定设备有(　　)。

A　水表检定装置　　B　耐压台　　C　稳压罐　　D　A+B+C

17. 稳压罐气水容积比一般为(　　)。

A　1∶2～1∶3　　B　1∶1～1∶2　　C　1∶3～1∶4　　D　1∶4～1∶5

18. 换向器行程差应控制在(　　)。

A　30ms 内　　B　20ms 内　　C　10ms 内　　D　5ms 内

19. 示值误差检定管路稳压采用(　　)。

A　水塔稳压法　　B　变频泵配稳压罐

C　A+B　　D　A 或 B

20. 水塔稳压法试验管路(　　)。

A　互不干扰　　B　最大流速较小　　C　造价高　　D　A+B+C

21. 在线检定可以使用(　　)。

A　标准表　　B　衡器　　C　超声波流量计　　D　A 或 B 或 C

22. 水表检定装置检定规程号是(　　)。

A　JJG 1113　　B　JJG 162　　C　JJG 686　　D　JJG 164

23. 水表检定装置下面说法错误的是(　　)。

A　应能自己评定准确程度　　B　计量部门检定后放心使用

C　期间核查可以评价是否有偏离　　D　按规定的周期检定

24. 当用时 900s，量筒水量 10L，测得瞬时流量计浮子最大面上端所处位置实际流量是(　　)L/h。

A　30　　B　32　　C　40　　D　64

25. 水表检定装置夹紧接头漏水的可能原因是(　　)。

A　密封圈老化变形　　B　夹头内孔偏小

C　旧表进出水端不平整　　D　A 或 B 或 C

26. 水表密封性检查操作中通水排气结束时应(　　)。

A　先关出水阀　　B　先关进水阀　　C　先增压　　D　先关锁压阀

27. 试压装置增压时压力升不上去可能会是(　　)。

A　升压缸故障　　B　水表进水端阀门漏水

C　水表出水端阀门漏水　　D　A 或 B 或 C

28. 水表试压时稳压阶段压力表压力在降可能会是(　　)。

A　水表漏水　　B　夹紧接头漏水

C　进出水阀门有内漏　　D　A 或 B 或 C

29. 断续磨损开启或关闭的时间不得少于(　　)s。

A　3　　B　2　　C　1　　D　0.5

30. 球墨铸铁表壳材质进货检验可采用(　　)。

A　化验成分　　B　金像检测　　C　锤击听声　　D　B 或 C

31. 水表黄铜材质零件生产厂采用(　　)检测。

A　光谱　　B　化学分析　　C　经验　　D　委外

32. 根据启停容积法要求，DN15～DN25检定装置不需要配备的量筒是(　　)L。

A　10　　B　100　　C　A+B　　D　5

33. 质量法检定装置需要配备(　　)。

A　换向器　　B　电子秤　　C　转子流量计　　D　A+B+C

34. 检定装置可以高效检定的是(　　)。

A　质量法　　B　活塞法　　C　启停容积法　　D　A或B

35. 检定装置用转子流量计示值误差采用引用误差其含义是(　　)。

A　转子越高误差越大　　B　转子越高误差越小

C　误差与转子高低无关　　D　转子越低误差越小

36. 转子流量计上流量点可以用(　　)测算出。

A　秒表　　B　量筒水量　　C　A+B　　D　水表水量

37. 水表检定装置用于(　　)。

A　检定水表检定免费　　B　生产水表检定免费

C　A+B　　D　检定和生产都不免费

38. 检定供水管路系统稳压要(　　)。

A　稳压罐进水管大于出水管总面积　　B　大小表不宜共用一个稳压罐

C　水泵供水量不能小于用水总量　　D　A+B+C

39. 清理转子流量计玻璃生青苔的方法是(　　)。

A　自来水冲洗　　B　洗涤剂溶液清洗

C　草酸溶液浸泡清洗　　D　强盐酸清洗

40. (　　)不是水表检测设备。

A　水表检定装置　　B　行车

C　耐压台　　D　加速磨损试验装置

41. 试压台增压不宜直接用(　　)。

A　电动增压泵　　B　稳压罐水源通入增压缸

C　压缩空气通入增压缸　　D　A+B+C

42. 加速磨损试验装置控制系统组成不包含(　　)。

A　流量止通阀　　B　夹紧装置　　C　周期计数器　　D　计时器

43. 加速磨损控制系统防止产生(　　)现象。

A　压力波动　　B　漏水　　C　水锤　　D　A+B+C

44. 电子功能检查必须配备(　　)。

A　机电转换检测器具　　B　磁干扰检测器具

C　电参数检测器具　　D　A+B+C

45. 电子功能检查器具配备应由(　　)。

A　检定站购买　　B　检定站制造

C　水表生产单位提供　　D　A+B+C

46. 大表检定装置不具备(　　)。

A　多表串联形式　　B　更换管道形式

C　转盘更换口径形式　　D　密封性试压形式

二、多选题

1. 质量法水表检定装置的优势有(　　)。

A　量器少　　B　量限设定随机性大
C　检表效率高　　D　准确度高
E　容易实现自动化

2. 检定装置按用途分有(　　)。

A　DN15～DN25　　B　建标检定型
C　生产校验型　　D　性能测试型
E　容积式

3. 玻璃转子流量计生青苔应(　　)。

A　不让其有太阳直射　　B　不工作时放空水
C　用草酸稀释液泡洗　　D　常见无需理会
E　不会对流量产生影响

4. 单表位检定装置主要用于(　　)。

A　性能调试　　B　争议水表检定
C　批量检定水表　　D　湿式水表灌水装配
E　耐久性试验

5. 大表检定装置形式有(　　)。

A　标准表法同时配备电子秤　　B　夹表部位更换管道式
C　夹表部位转盘式　　D　容积法
E　质量法

6. 串联水表检定装置形式有(　　)。

A　人工读表型　　B　静态摄像型
C　动态摄像型　　D　光电读表型
E　远传直读型

7. 与水表检定装置溯源有关的检定规程有(　　)。

A　饮用冷水水表检定规程　　B　水表检定装置检定规程
C　液体流量标准装置检定规程　　D　标准表法流量标准装置检定规程
E　标准金属量器检定规程

8. 活塞式检定装置不需要配备(　　)。

A　变频增压泵　　B　水表读数装置
C　稳压罐　　D　量筒
E　转子流量计

9. 试压台增压宜采用(　　)。

A　电动增压泵　　B　稳压罐水源通入增压缸
C　压缩空气通入增压缸　　D　手动千斤顶式增压
E　自来水直供增压缸

10. 压力损失测量不宜采用在水表进出水端分别安装压力表的原因有(　　)。
A　压力表分辨率不够
B　压力波动使得同时读取上下游压力表值比较困难
C　压力表贵
D　型评大纲没有这样规定
E　压力表不好安装
11. 稳压罐应注意的方面有(　　)。
A　使用中水气容积比
B　罐内水面到出水管距离大于10倍出水管直径
C　防止进水动能干扰出水稳定
D　罐体壁厚保障工作压力下安全
E　罐体容积和进水管足够大
12. 水表检定装置运行系统需要有(　　)。
A　增压系统　　B　稳压系统
C　夹表和管道系统　　D　计量系统
E　数据采集系统
13. 水表检定装置底阀漏水的原因有(　　)。
A　底阀密封圈磨损　　B　底阀处有异物
C　底阀控制器出故障　　D　气动控制气源压力偏小
E　控制底阀连接管漏水
14. 可以用于水表零件检验的有(　　)。
A　游标卡　　B　螺纹环规
C　试压台　　D　外径千分尺
E　橡胶硬度计
15. 检定装置可以有(　　)。
A　启停容积法　　B　启停质量法
C　标准表法　　D　静态质量法
E　静态标准表法
16. DN15～DN25容积法检定装置配备转子流量计规格有(　　)。
A　10　　B　15
C　25　　D　50
E　80
17. 水表溯源用检定装置形式有(　　)。
A　容积式　　B　秤量式
C　标准表法　　D　活塞式
E　智能式
18. 检定装置上可用于瞬时流量检测的有(　　)。
A　玻璃转子流量计　　B　电磁流量计
C　旋翼水表　　D　旋涡流量计

E　推进活塞缸

19. 水表检定管路稳压系统有(　　)。

A　外部供水管网直供　　B　水塔供水系统

C　变频泵配稳压罐　　D　水泵直供

E　水塔配稳压罐

20. 检定装置水压不稳的原因有(　　)。

A　稳压罐气垫高度不够　　B　稳压罐偏小

C　共用稳压罐用水较多　　D　检表用水流量偏小

E　水泵供水不稳

21. 水表检测设备有(　　)。

A　水表检定装置　　B　耐压台

C　差压计　　D　电子秤

E　游标卡

22. 加速磨损试验装置控制系统包括(　　)。

A　持续时间控制装置　　B　流量止通阀

C　周期计数器　　D　转子流量计

E　计时器

23. 电子功能机电转换检定可以用(　　)。

A　非一体的生产厂提供检测数据

B　手持电吹风每个表吹

C　在检定装置上通过满足要求的水量

D　使用定制管道工装通过鼓风机吹过需要流量

E　抽查

24. 检定装置可以采用的检表方式有(　　)。

A　可以装置计量计时与水表计量计时不同步

B　使用扫码枪录取表号

C　采集梅花针转动圈数作为水表通过水量

D　可以不用转子流量计作为瞬时流量计

E　检表智能系统能自动判定误差分布是否合格

25. 检定装置用转子流量计安装使用中应注意(　　)。

A　需要垂直安装　　B　保持内壁干净

C　调节阀宜安装在进水端　　D　要验证流量刻度准确性

E　鹅头管出水口能目视到出水

26. 使用检定装置检定水表时容易忽视的情况有(　　)。

A　水表检定装置进出水直管段长度是否满足水表要求

B　串联台试压水表只关注压力表指针稳定不关注水表是否有漏水

C　检容积式表进水端是否另加装过滤网

D　用水量是否满足规程要求

E　水表进出口是否与进出水管口对准

27. 检电子功能机电转换时（　　）由水表生产方提供。

A　笔记本电脑　　B　检测软件

C　检测探头及连接线　　D　记录表格

E　有的要用激活磁块

三、判断题

（　　）1. 水表检定装置可以不用转子流量计。

（　　）2. 小口径水表多数用水表检定装置进行密封性试验。

（　　）3. 质量法都是收集法。

（　　）4. 换向法用于流量时间法。

（　　）5. 一台水表检定装置按管径可做成 DN15～DN200。

（　　）6. 用于生产的水表检定装置不需要建标。

（　　）7. 高速摄像检定水表效率高。

（　　）8. 稳压罐里面气体要放掉。

（　　）9. 换向器应采用带记忆的双线圈气动电磁阀。

（　　）10. 使用超声波流量计在线检表要在安装水表时就要配备好条件。

（　　）11. 转子流量计的准确度与水的密度和黏度有关。

（　　）12. 控制换向器的气动换向阀出故障会使换向往复不一致。

（　　）13. 密封性检查要快速打开增压阀增压。

（　　）14. 质量法比容积式效率高。

（　　）15. 转子流量计示值误差是相对误差。

（　　）16. 检定过的水表检定装置使用中没有必要自行评定。

（　　）17. 通水排气先开最小流量计容易冲击浮子造成卡住。

（　　）18. 加速磨损试验装置不属检定站必备。

（　　）19. 检定装置试压有内漏多数是阀门密封出问题。

（　　）20. 电子功能检定用器具应由检定站自己配备。

四、问答题

1. 请说明启停质量法和静态质量法的含义。

2. 质量法与容积法比有何优缺点？

3. 检定过程中当量筒标尺显示 1.5％时，请计算 20L 量筒内有多少升水？

4. 开式换向器和闭式换向器各是哪端动作？避免换向过程冲击管道中的仪表等应选择哪种换向器？

5. 如何解决换向法人工读数产生误差？

6. 检定装置如何提供稳压供水？

7. 当用时 550s，量筒水量 10L，测得转子流量计浮子最大面上端所处位置实际流量是多少？计算得到该流量 Q_2＝64L/h，现在实测的流量可以用吗？为何？

第 9 章　水表零件成型与检验

一、单选题

1. 塑料制品的不足之处是(　　)差。

A　成型加工性　　B　导热性　　C　化学性　　D　电绝缘性

2. 水表塑料制品最典型的成型方法是(　　)。

A　车加工　　B　焊接　　C　注射成型　　D　A+B

3. ABS 塑料在注射成型前干燥处理不好，制品会有气泡、(　　)等缺陷。

A　收缩大　　B　孔洞　　C　发黄　　D　银丝斑纹

4. 注射成型工艺条件三要素：(　　)、压力、时间。

A　温度　　B　注射量　　C　湿度　　D　频率

5. 注射成型工艺过程中温度控制分为料筒温度、喷嘴温度、(　　)。

A　环境温度　　B　模具温度　　C　原材料温度　　D　循环水温度

6. 注塑机按外形分为(　　)、卧式注塑机等。

A　柱塞式注塑机　　B　螺杆式注塑机　　C　立式注塑机　　D　螺杆塑化柱塑机

7. 注塑原理是将塑料颗粒在料筒内(　　)并熔化至黏流态，以高压快速注入模具内，冷却成型。

A　加压　　B　去湿　　C　加溶剂　　D　加热

8. 注射机是将熔化的塑料经过高压快速注入模具内，经过一定的(　　)，开启模具取出制品。

A　冷却　　B　减压　　C　加热　　D　保温

9. 铸造一般分为(　　)、特种铸造。

A　压力铸造　　B　砂型铸造　　C　离心铸造　　D　金属型铸造

10. 水表铁壳一般用(　　)铸造。

A　离心　　B　压力　　C　砂型　　D　金属模

11. 砂型铸造的优点是(　　)。

A　质量稳定　　B　高效　　C　便于自动化　　D　成本低

12. 砂型主要原材料有(　　)、型砂胶粘剂和其他辅料，统称为造型材料。

A　原砂　　B　模具　　C　砂芯　　D　砂箱

13. 不属于砂型铸造原材料的是(　　)。

A　原砂　　B　模具　　C　胶粘剂　　D　辅助材料

14. 不属于特种铸造的是(　　)。

A　金属型铸造　　B　压力铸造　　C　砂型铸造　　D　离心铸造

15. 不属于砂型铸造主要步骤的是(　　)。

A　制图　B　模具　C　造型　D　时效处理

16. 水表铜壳铸造中加料的顺序为(　　)。

A　回炉料、中间合金、金属料　B　中间合金、回炉料、金属料

C　金属料、中间合金、回炉料　D　金属料、回炉料、中间合金

17. 水表零件选材应该遵循以下基本原则：实用性原则、(　　)、可能性原则。

A　高效性原则　B　经济性原则　C　先进性原则　D　安全性原则

18. 水表表壳结构复杂，可以用(　　)方式加工成型。

A　车加工　B　焊接　C　铸造　D　A+B

19. 水表齿轮材料具备的三个特点是：尺寸稳定性好、(　　)、足够的强度。

A　化学稳定性好　B　机械加工性好　C　材料密度低　D　良好的耐磨性

20. 水表塑料零件叶轮盒选材必须(　　)。

A　收缩率低　B　质量轻　C　机械加工性好　D　收缩率高

21. 水表零件承担的四类重要职能是：决定或明显影响水表计量性能、决定或明显影响水表使用寿命、(　　)、构成水表商品外观质量。

A　提高成品率　B　决定零件互换性

C　降低零件成本　D　提高商品信誉

22. 水表零件并不是每个零件或每个尺寸都承担重要职能，把零件中承担(　　)职能的尺寸或项目称作主项。

A　次要　B　外观　C　重要　D　计数

23. (　　)不属于零件主项。

A　影响计量性能的尺寸　B　决定零件互换性尺寸

C　影响水表使用寿命　D　外观

24. 水表齿轮节圆跳动度检验错误的方法是(　　)。

A　投影仪　B　齿轮跳动仪、百分表

C　齿轮跳动仪、千分表　D　车床、百分表

25. 测量能力有两种表达方式：(　　)和测量精度系数 K。

A　测量相对误差　B　测量能力指数 M_{cp}　C　测量极限误差　D　测量效率指数

26. 注塑成型时料筒温度选择与(　　)、设备、模具结构等有关。

A　塑料品种特性　B　操作人员技术　C　制品大小　D　气温

27. 注塑压力影响塑件质量，制品精度高、形状复杂的聚甲醛选择(　　)压力为好。

A　低　B　中　C　高　D　超高

28. 注塑成型中注射压力影响制品的(　　)。

A　大小　B　形状　C　温度　D　品质

29. 对薄壁、长流程、黏度高的制品宜用(　　)注射速度。

A　较高　B　较低　C　中等　D　无要求

30. 注塑机主要参数有(　　)、注射压力、合模力等。

A　注塑机重量　B　电机功率

C　注塑机外形尺寸　D　注射量

31. (　　)是与表壳有关的铸造。

A　金属型　　B　砂型　　C　消失模　　D　A或B或C

32. 砂型铸造中模具是使用木头或金属材料制成，模具尺寸(　　)铸件。

A　略大于　　B　略小于　　C　等于　　D　A+B+C

33. 造型是把型砂置于模具与砂箱之间的空隙处压紧压实，形成铸件的(　　)。

A　内表面　　B　外表面　　C　浇冒口　　D　B+C

34. 制芯是将树脂砂粒置于模具中形成铸件的(　　)轮廓。

A　外部表面　　B　内部表面　　C　浇冒口　　D　A+B+C

35. 铜表壳铸造时炉料熔化后应(　　)，减少金属吸气和氧化。

A　放置一会　　B　隔绝空气　　C　添加防氧化剂　　D　立即浇铸

36. 水表零件材料选择要(　　)。

①耐腐蚀②耐冷冻 ③耐高温 ④耐磨损

A　①②　　B　②③　　C　③④　　D　①④

37. 水表零件选材三原则不正确的是(　　)。

A　高档性　　B　实用性　　C　经济性　　D　可能性

38. 工程塑料已被用于加工水表壳，人们最大的担心是(　　)。

A　强度问题　　B　老化问题　　C　耐腐蚀问题　　D　卫生问题

39. 铝材被用来加工水表壳，人们最大的担心是(　　)。

A　强度低　　B　重量轻

C　自来水余氯腐蚀　　D　不耐磨损

40. 聚甲醛具有多项适合水表齿轮的特性，下列不正确的是(　　)。

A　高强度　　B　耐疲劳　　C　低摩擦系数　　D　低收缩率

41. 适合作水表叶轮盒材料的是(　　)。

A　铸铁　　B　聚甲醛　　C　ABS　　D　聚乙烯

42. (　　)不适合作水表轴承材料。

A　合金钢　　B　天然玛瑙　　C　人造玛瑙　　D　刚玉

43. 不是水表零部件承担的职能是(　　)。

A　决定水表性能　　B　降低成本　　C　影响水表寿命　　D　决定零件互换性

44. 金属表面粗糙度普遍采用(　　)进行检验。

A　显微镜　　B　标准样块比较　　C　目测　　D　千分尺

45. 水表零件检验之前首要的是要选择(　　)的量具，以求得到合适的测量能力。

A　高精度　　B　低精度　　C　合适　　D　能找到

46. 测量能力指数 M_{cp}=(　　)。T—零件制造允差；U—测量的极限误差

A　$T/2U$　　B　T/U　　C　$2U/T$　　D　U/T

47. 测量精度系数 K=(　　)。T—零件制造允差；U—测量的极限误差

A　T/U　　B　U/T　　C　UT　　D　$2U/T$

48. (　　)是水表齿轮节圆跳动度检测使用的量具。

①齿跳仪 ②百分表 ③千分表 ④游标卡

A　①②　　B　②③　　C　②④　　D　①④

49. 光滑极限量规能检测出轴和孔的(　　)。

A　是否在规定的尺寸公差范围内　　B　是否在规定的形状公差范围内
C　A+B　　D　A 或 B

二、多选题

1.（　　）都对注射成型制品产生影响。
A　料筒温度　　B　喷嘴温度
C　模具温度　　D　电机温度
E　环境温度

2. 喷嘴温度影响注射成型品质，喷嘴温度要（　　）。
A　略低于料筒温度　　B　和料筒温度相同
C　不能过低　　D　注射压力较高时可低些
E　注射压力较低时应提高

3. 注射压力和保压压力应（　　）。
A　黏度高的塑料选择较高注射压力
B　薄壁长流程制品选择较高注射压力
C　柱塞式比螺杆式注射力高些
D　保压期压力要高于注射压力
E　保压期压力等于注射压力

4. 对制品有颜色要求的原料要染色和造粒，制备方法有（　　）。
A　原料中加色母料
B　预先适量加染料搅拌
C　柱塞式注塑机不需要进行染色造粒后使用
D　柱塞式注塑机应进行染色造粒后使用
E　螺杆式注塑机不需要进行染色造粒后使用

5. 粒料干燥处理对制品产生影响，下列说法正确的是（　　）。
A　含水率高使制品出现银丝斑纹和气泡
B　易吸湿的聚酰胺（尼龙）要干燥
C　聚乙烯可不干燥
D　ABS 要干燥
E　干燥处理是放太阳下晾晒

6. 根据不同制品和原料特性，注射应（　　）。
A　黏度高原料采用快速注射　　B　薄壁长流程制品选择快速注射
C　厚壁制品保压时间长些　　D 薄壁制品保压时间长些
E　黏度低原料采用快速注射

7. 注塑机一般用（　　）来表示规格型号。
A　注射量　　B　模板行程
C　拉直间距　　D　合模力
E　注射压力

8. 注塑一个单重 80g 的塑件选择注塑机要满足（　　）。

A　公称注塑量100g以上　　B　锁模力大于成型压力
C　卧式注塑机　　D　立式注塑机
E　开合模行程大于塑件要求

9. 模塑包括(　　)阶段。
A　加热　　B　充模
C　压实　　D　倒流
E　冷却

10. 多模注塑机优点有(　　)。
A　便于安放嵌件　　B　节省模具成本
C　适合冷却周期长制品　　D　提高效率
E　塑件尺寸一致性好

11. 螺杆式注塑机应通过(　　)来控制制品质量。
A　保压时间　　B　螺杆背压
C　螺杆转速　　D　料筒温度
E　料筒清洗

12. 特种铸造的铸型包括(　　)。
A　熔模　　B　消失模
C　金属型　　D　砂型
E　离心

13. 砂型铸造优点有(　　)。
A　效率高　　B　成本低
C　型砂可重复使用　　D　铸件精度高
E　适宜少量单件生产

14. 砂型铸造用材料有(　　)。
A　型砂　　B　黏土
C　树脂　　D　煤粉
E　砂箱

15. 砂型铸造包括(　　)清理等。
A　模具　　B　造型
C　制芯　　D　配料熔化
E　浇铸

16. 水表铜壳采用金属型铸造时具备(　　)等特点。
A　铸型可反复使用　　B　便于连续生产
C　铸件表面光滑　　D　铜壳强度高
E　铜壳漏水少

17. 铜表壳铸造时炉料熔化要(　　)，然后浇铸。
A　配料　　B　测量温度
C　炉前光谱检测　　D　保温
E　试模

18. 水表零件选材原则遵循（ ）。

A 多样性　　B 优质性

C 实用性　　D 经济性

E 可能性

19. 水表壳零件应能（ ）。

A 耐腐蚀　　B 承受一定水压

C 不污染水质　　D 重量轻

E 重复使用

20. 水表齿轮传递一定扭矩，并要微力驱动，所以齿轮材料选用应（ ）。

A 尺寸稳定　　B 耐磨性好

C 具有足够强度　　D 无有害物析出

E 密度小

21. 湿式水表玻璃规定是（ ）。

A 检验用压力 1MPa　　B 钢化玻璃

C 普通玻璃　　D DN15～DN25 规格厚度 6mm

E DN15～DN25 规格厚度 8mm

22. 水表主要零件承担的重要职能有（ ）。

A 决定水表计量性能　　B 影响水表使用寿命

C 决定零件互换性　　D 决定采用哪种检定方法

E 影响外观质量

23. 实际计算时测量能力指数 M_{cp} 与（ ）有关。

A 零件制造允差　　B 操作者技能等级

C 测量极限误差　　D 操作方法

E 环境条件

24. 水表齿轮节圆对轴线的同轴度检测要用（ ）。

A 万工显　　B 投影仪

C 齿轮跳动检测仪　　D 百分表

E 千分尺

25. 旋翼表下夹板齿轮轴孔及孔距可选用（ ）来检测。

A 万工显　　B 游标卡

C 光面塞规　　D 百分表

E 投影仪

26. 标准样块比较法检验粗糙度正确的说法有（ ）。

A 定性检验　　B 定量检验

C 经验起部分作用　　D 与表面成型方法无关

E 粗糙度样块应检定

27. 使用光滑极限量规检验水表上下夹板孔径，下列说法正确的有（ ）。

A 效率高　　B 对操作人员要求低

C 同时检验尺寸和形位公差　　D 定性测量

E　按规定确定量规尺寸

28. 光滑极限塞规检验塑料零件孔径时操作方法很重要，下列正确的是(　　)。

A　通规用力完全塞进孔中才合格　　B　止规用力完全塞进孔中才不合格

C　通规靠自重全部进入孔中　　D　止规靠自重不能进入孔中才合格

E　通规靠自重不能进入孔中为不合格

29. 光滑极限环塞规工作过程磨损大所以我们一般(　　)。

A　新制作的环塞规给检验员用　　B　新制作的环塞规给生产人员用

C　旧的环塞规（合格的）给检验员用　　D　旧的环塞规（合格的）给生产人员用

E　检验员和生产人员用一样的

30. 选用螺纹环塞规检验时要注意(　　)。

A　规与被测件材质相同　　B　螺纹公称直径相同

C　规精度等级与被测螺纹要求相同　　D　规螺纹牙型与被测件要求相同

E　规螺纹长度与被测螺纹长度相同

31. 水表罩子材料和坯料加工方式有(　　)。

A　黄铜棒＋热冲压　　B　塑料＋注塑

C　铸黄铜＋铸造　　D　不锈钢＋冲压

E　黄铜棒＋车加工

32. 可以做水表齿轮轴的材料有(　　)。

A　聚甲醛　　B　聚乙烯

C　不锈钢　　D　ABS

E　黄铜

33. 可以做水表轴套的材料有(　　)。

A　聚甲醛　　B　尼龙

C　碳纤维尼龙　　D　不锈钢

E　ABS

34. 目前湿式表玻璃厚度有(　　)mm。

A　5　　B　6

C　8　　D　10

E　12

35. 表壳材料和坯料成型方式有(　　)。

A　铝合金＋铸造　　B　工程塑料＋注塑

C　铸黄铜＋特种铸造　　D　不锈钢＋特种铸造

E　球铁＋铸造

36. LXS-20 水表(　　)零件用 ABS 材料制作。

A　上下夹板　　B　齿轮

C　齿轮盒　　D　叶轮盒

E　叶轮

三、判断题

（　　）1. 注射成型的塑料温度越高越好。

（　　）2. 注射压力越高制品质量越好。

（　　）3. 塑化压力在保证制品质量时越低越好。

（　　）4. 塑件调湿处理是尽快除去脱膜塑件的含水量。

（　　）5. 保压时间与制品厚度有关，制品越厚保压时间越长。

（　　）6. 合模力用来确定分型面上最大投影面积。

（　　）7. 薄壁长流程制品宜用较低注射速度。

（　　）8. 注射成型是将塑料以高压高速注射到模具中，成型后取出来。

（　　）9. 特种铸造的砂型要经过特殊处理以保证铸件质量。

（　　）10. 金属型铸造便于实现流水线生产，产品质量高，铸件表面整洁。

（　　）11. 铸造模具尺寸略大于产品，其中差额为收缩余量。

（　　）12. 金属型是特种金属制作的铸型，可以反复使用，但型芯多使用砂芯。

（　　）13. 铸造中设置冒口是为了排气和补缩。

（　　）14. 铜表壳铸造时加料顺序为：回炉料、中间合金、金属铜锭。

（　　）15. 水表表壳材料只要能承受内部水压就可以选用。

（　　）16. 铜材料强度高，耐磨性好，尺寸稳定，比塑料更适合于做水表齿轮。

（　　）17. 齿轮节圆同轴度可以用游标卡尺测量。

（　　）18. 光滑极限塞规能够检验出孔径是否在规定公差范围内，并同时检验了其形状公差。

（　　）19. 螺纹极限塞规，止规旋进长度不能超过 2 个有效螺距为合格。

（　　）20. 测量能力指数 M_{cp}在 1～1.5 说明能力评价不足。

四、问答题

1. 简述注射成型主要过程。

2. 简述注射成型机主要参数。

3. 列出检验民用水表叶轮要用到的量具有哪些。

4. 水表叶轮轴外径为 $\phi 2^{0}_{-0.02}$，游标卡测量误差 $U_1=0.02$mm，请计算评价用游标卡时测量能力指数 M_{cp}是否够？

5. 简述光滑极限量规检验孔特点及操作方法。

6. 简述水表壳选材注意事项。

7. 水表内部材质是什么？如属于塑料，是生塑料还是熟塑料？

8. 目前民用湿式表有铜壳、铁壳、塑料壳，有铜罩、不锈钢罩、塑料罩。请写出它们之间的相互匹配关系。

第10章　水表安装与维护

一、单选题

1. 水表规格选择时应考虑(　　)值。

A　Q_4　　B　Q_3　　C　Q_2　　D　Q_1

2. (　　)是小表主流指示形式。

A　指针式　　B　普通字轮指针组合式

C　半液封式　　D　液晶式

3. 选择水表时要考虑水中(　　)杂质对水表计量产生的影响。

A　锈块　　B　砂石　　C　麻丝　　D　A或B或C

4. 选择(　　)水表能起到防晒作用。

A　湿式水表　　B　干式水表　　C　液封水表　　D　A+B+C

5. 选择水表考虑性价比时主要性能有(　　)。

A　寿命周期　　B　对安装地点的适应性

C　抄读可靠方便　　D　A+B+C

6. 从安全方面考虑高层住户水表安装需要装(　　)。

A　排气阀　　B　减压阀　　C　止回阀　　D　A+B+C

7. 水表安装要考虑后续(　　)的方便性。

A　抄表　　B　更换　　C　A+B　　D　防盗

8. 水表安装从(　　)方面考虑正确性。

A　上下游直管段　　B　水平朝上　　C　水流向　　D　A+B+C

9. 最小流量误差偏慢的原因有(　　)。

A　齿轮组转动不灵活　　B　调节孔开启过大

C　叶轮上有毛刺　　D　A或B或C

10. 水表原因导致水表偏快的有(　　)。

A　前三位齿轮装错　　B　叶轮位置过低

C　调节孔偏大　　D　A或B

11. 水表特别慢的原因有(　　)。

A　机芯里面有毛刺　　B　调节孔开启过小

C　检表装置漏水　　D　水里有空气

12. 灵敏针不转可能的原因是(　　)。

A　叶轮被异物卡　　B　叶轮损坏

C　机芯冻变形　　D　A或B或C

13. 大表发现灵敏针不转，后续要(　　)。

A　拆表清理异物　　B　装过滤器

C　装止回阀　　D　A+B+C

14.（　　）抄表时有的要触发唤醒。

A　旋翼远传水表　　B　电磁水表

C　垂直螺翼远传水表　　D　复式表

15. 水表维护中最优的防寒措施是（　　）。

A　水表出水龙头常开流水　　B　水表保温

C　水表和管道一道保温　　D　选用耐寒的干式表

16. 水表用水量突增不可能的原因是（　　）。

A　管道漏水　　B　马桶漏水

C　太阳能热水器漏水　　D　水表计量快

17. 向某用水单位多路供水会产生（　　）情况。

A　有的水表用水量突增　　B　无异常

C　无用水水表在转　　D　A 或 B 或 C

18.（　　）不是水表自转的原因。

A　管道里有气　　B　管道里有压力波动

C　水表故障　　D　A+B

19. 水表被冻过后会（　　）。

A　变慢　　B　变快　　C　误差不受影响　　D　A 或 C

20. 水表没有装反倒转的原因是（　　）。

A　水表内部机芯装反　　B　有多路供水

C　有二次泵站供水　　D　B 或 C

21. 水表度盘发黑的原因是（　　）。

A　塑料老化　　B　阳光照射　　C　表盖没有盖好　　D　B+C

22. 从水表结构及计数计量原理看民用表不可能产生示值误差的是（　　）。

A　3%　　B　50%　　C　−3%　　D　−50%

23. 房屋长时间不使用的民用户会产生（　　）情况。

A　不用水空转产生较大数据　　B　漏水

C　水表计量不准产生大用量　　D　A 或 B 或 C

24. 安装要考虑上下游直管段的水表是（　　）。

A　旋翼表　　B 垂直螺翼表　　C　水平螺翼表　　D　A+B+C

25. 不要转换直接可以把用水量传送出去的水表是（　　）。

A　电磁水表　　B　NB-IoT 水表

C　阀控旋翼远传水表　　D　IC 卡水表

26. 供水管路维修后有可能会使水表产生（　　）。

A　变快　　B　变慢　　C　灵敏针停走　　D　A 或 B 或 C

27. 单元立管顶端装排气阀是为了（　　）。

A　安全　　B　防止水表产生自转

C　增压　　D　A+B+C

28. 为用户使用中检查水表应(　　)。

A　提供检查结果

B　有不合格项抽象表述不合格

C　沟通指导后续如何自查

D　A+C

29. 有关水表安装要求的标准是(　　)。

A　JJG 162—2019

B　GB/T 778.5—2018

C　JJF 1777—2019

D　A+B+C

30. 大表安装需要配备(　　)。

A　伸缩器

B　过滤器

C　多路供水单向阀

D　A+B+C

二、多选题

1. 水表检定站应为自来水公司提供的服务有(　　)。

A　保障提供检定合格水表

B 水表选用

C　指导抄读维护

D　水表问题识别处理

E　专业知识培训

2. 理想的测量结果获得除了水表本身性能因素外还要考虑(　　)。

A　测量方法

B　口径范围

C　流量范围

D　正确安装

E　正确维护使用

3. 高层住户管道需要(　　)。

A　安装压力表

B　在立管上安装单向阀

C　在立管顶端安装排气阀

D　在水表进水端安装减压阀

E　在水表出水端安装减压阀

4. 抄读电磁水表会看到(　　)。

A　有的要触发唤醒

B　反向用水量

C　瞬时流量

D　正向用水量

E　电池电量

5. 常用远传表获取计量信息需要有(　　)。

A　有线或无线远传水表

B　公共通信网

C　软件系统

D　电脑或手机

E　手抄器

6. 水表安装从安全性方面应考虑(　　)。

A　管道内杂物冲洗干净

B　防晒和保温

C　防盗（包含盗水）

D　防水压超限

E　防水锤

7. 水表计量突增有可能的原因是(　　)。

A　管道漏水

B　马桶漏水

C　太阳能热水器漏水

D　水表跑快多计量

E　多路供水

8. 水表检定时偏快可能的原因有(　　)。

A　量筒底阀漏水　　B　转子流量计阀门漏水

C　夹表接头出水端漏水　　D　水表机芯内部设定不妥

E　管道内气体没有排净

9. 水表烫坏的解决办法有(　　)。

A　更换原相同水表　　B　更换热水表

C　装耐高温单向阀　　D　通知用户水表会被烫坏

E　不要用太阳能热水器

10. 水表规格选择要考虑的方面有(　　)。

A　Q_2　　B　Q_3

C　通水能力留余量　　D　Q_3/Q_1

E　多路供水

11. 对水质敏感的水表有(　　)。

A　电磁水表　　B　水平螺翼水表

C　容积式水表　　D　超声波水表

E　复式水表

12. 选择(　　)水表要考虑抄表管理方式。

A　IC卡水表　　B　有线远传水表

C　无线远传水表　　D　阀控远传水表

E　电磁水表

13. 抄表要点有(　　)。

A　两位数字之间读小数

B　指针和数字同时存在时不要漏抄黑色指针

C　数字是红色的不要抄读

D　核对用户

E　黑色指针偏针严重与我无关

14. 水表维护方式有(　　)。

A　水表玻璃不要用硬物刮

B　不可以把进水阀作为调节出水量工具来使用

C　按周期更换水表

D　有逆流条件的装单向阀

E　避免阳光直射表盘

15. 水表不用水自转的解决办法有(　　)。

A　换水表　　B　开水龙头排气

C　在单元立管顶端安装排气阀　　D　在水表进或出水端安装单向阀

E　太阳能热水器排气

16. 水表使用中变慢的原因有(　　)。

A　被冻过　　B　被烫过

C　磨损严重　　D　阀门没有全打开

E　人为破坏

17. 水表度盘起雾的原因有(　　)。

A　度盘里热外冷　　B　湿式表水没有充满

C　干式表气密性差　　D　度盘里冷外热

E　度盘玻璃坏了

18. 自来水公司抄收部门对企业用户机械水表计量变少较多有疑问，需沟通的方面有(　　)。

A　查是否是多路供水　　B　要求检定水表

C　查近期是否有修漏　　D　查看水表是否有人为破坏痕迹

E　了解用户用水变化情况

三、判断题

(　　) 1. 单元立管顶端安装排气阀能消除水表空转。

(　　) 2. 叶轮轴上下窜量是保障小流量阻尼小。

(　　) 3. 水表偏快除水表自身原因外也会有检定装置原因。

(　　) 4. 装置漏水会使水表特别慢。

(　　) 5. 把水表保温好就是防冻。

(　　) 6. 远传表可以监测管网漏水。

(　　) 7. 民用表被烫坏很有可能楼上下两家水表都被烫坏。

(　　) 8. 水表被烫坏后要更换热水表。

(　　) 9. 水表规格选择时应先测算使用流量大小和流量范围。

(　　) 10. 选择液封计数器的水表指示形式原因是能保持抄读字面清晰。

(　　) 11. 大口径水表选择时压力损失不作为重要考虑因素。

(　　) 12. 远传水表安装后不需要核对电子读数与水表机械读数是否一致。

(　　) 13. 水表进出水端阀门应全开使用。

(　　) 14. 机械水表传动结构不大可能产生快 50%以上。

(　　) 15. 水表不用水自转是水表故障。

四、问答题

1. 需要在洒水车上装表计量时，如何推荐选表？说明理由。

2. 水表分为民用表和工业用表，请问优先采用远传表的应是哪个？说明理由。

3. 当使用水平螺翼表时安装应注意什么？

4. 多路供水会使水表产生什么不正常现象？如何解决？

5. 某年 4 月，有位民用户申请使用中检查，因现场不便检测，拆表送到检定站来，你接待的，他告诉你：使用 DN20 旋翼干式，是上年 8 月安装，今年 2 月和 4 月缴费比以往多 80%，拆表时水表不转，你看表外观无异常，通过检定装置检定在流量 $1m^3/h$ 时示值误差为−3.5%。你如何与用户沟通？

6. 水表安装现场情况如图所示，现场能看到两个阀门井，两个水表井，以及井内管道走向，已知 DN40 表水流向是由左向右，DN80 表已装在井内，表壳上水流方向是由下向上（图示位置），两只水表各自独立向用水区域供水，安装人员说：水表水流流向指向用水区域，现场水表倒转是水表故障。核实 DN80 水表是否装反？

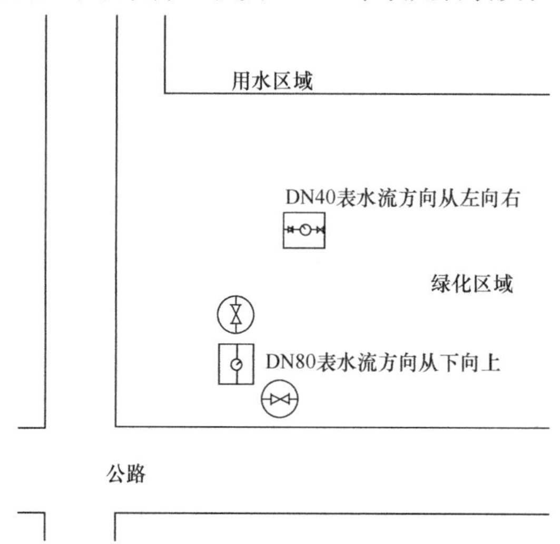

第11章　水表检定（生产）管理

一、单选题

1. 水表检定流程中评价检定质量的是(　　)。

A　检定标识　　B　抽检

C　确定检定操作注意事项　　D　出具检定证书

2. 自来水公司自用水表检定不合格时可以(　　)。

A　退回自来水公司　　B　生产单位来维修

C　自行调节　　D　B或C

3. 水表生产流程与检定的不同之处是(　　)。

A　水表组装　　B　试压　　C　外观检查　　D　抽检

4. 水表检定的技术文件有(　　)。

A　装配工艺卡　　B　密封性检查作业指导书

C　注塑工艺文件　　D　A+B+C

5. 水表生产和检定都要用的技术文件有(　　)。

A　检定合格证使用规范　　B　产品图纸

C　示值误差检定程序　　D　A+B+C

6. 水表示值误差检定通水排气后(　　)。

A　先关最小出水阀　　B　先关最大出水阀

C　先关进水阀　　D　随便先关哪个阀

7. 水表检定站的质量管理文件通常有(　　)。

A　质量手册　　B　程序文件

C　检定站考勤管理制度　　D　A+B

8. 后续检定包含有(　　)。

A　水表使用到期　　B　水表修理后

C　在实验室进行　　D　A+B+C

9. 检定流程中可以省略的是(　　)。

A　出具检定证书　　B　检定标识

C　安排检定　　D　评价接受送检水表

10. 较复杂的生产流程包含有(　　)。

A　零部件制造　　B　安排检定

C　贴检定合格证　　D　通知用户取表

11. 应由(　　)编制技术文件。

A　操作人员　　B　技术人员　　C　单位领导　　D　检定员

12. 执行技术文件应(　　)。

A　编制好直接交付使用　　B　不需要签收

C　经过批准　　D　A+B

13. 期间核查是想知道(　　)。

A　水表稳定性　　B　试压装置稳定性

C　检定装置重复性　　D　检定装置稳定性

14. 应由(　　)编制质量管理文件。

A　熟悉 JJF1069 规范人员　　B　熟悉检定站管理人员

C　检定员　　D　A+B

15. 检定结果通知书的含义是(　　)。

A　说明被检水表不合格　　B　说明被检水表合格

C　A 或 B　　D　告诉水表状况不包含是否合格

16. 首次检定的含义是(　　)。

A　水表出厂检验　　B　新水表使用前由法定机构评定是否合格

C　水表样机试验　　D　强制检定

17. 民用表使用中检查示值误差的方法是(　　)。

A　在检定站用检定装置　　B　现场质量法

C　现场比对法　　D　B 或 C

18. 水表检定工艺装备要考虑(　　)。

A　满足水表检定量　　B　规格范围

C　A+B　　D　水表装配需求

19. 分界流量误差正超差的外部因素会是(　　)。

A　量筒内余水没有排完　　B　底阀有漏水

C　水表出水端管线有漏水　　D　B+C

20. 质量管理的常见问题有(　　)。

A　对检定规程要求掌握不够　　B　执行文件无管理

C　记录管理混乱　　D　A+B+C

21. 水表维修过程必须做的工作有(　　)。

A　更换磨损零件　　B　获得维修许可证

C　送回到原生产单位修理　　D　维修成本超过新购买仍然维修

22. 水表维修应注意的问题有(　　)。

A　告知用户维修成本得到用户认可

B　DN15～DN25 水表使用到期后不可以维修再用

C　表玻璃冻坏只需要更换玻璃

D　A+B

23. 发现质量问题应(　　)。

A　不要只看到产生问题的那个点　　B　从流程防线上看有哪些做得不到位

C　领导要有全局观　　D　A+B+C

24. 质量分析应注意(　　)。

A　保留过程质量信息　　B　统计计算占比数据
C　针对突出问题原因提出改进要求　　D　A+B+C

二、多选题

1. 检定流程不包含(　　)。
A　水表零部件进货检验　　B　产品设计
C　贴标识　　D　密封性检查
E　包装

2. 检定过程中可不需要做的事有(　　)。
A　发现示值误差不合格调整到合格
B　告诉检定员检定过程注意事项
C　要求水表生产单位提供电子功能检查工具
D　把湿式水表度盘灌满水
E　出产品合格证

3. 检定站技术文件有(　　)。
A　某检定装置操作规程　　B　密封性检查操作程序
C　产品图纸　　D　电子功能检查作业指导书
E　示值误差用水量规定

4. 技术文件和管理文件应(　　)。
A　编好直接提供使用　　B　经批准签发使用
C　有更改只改使用者那份文件　　D　关注国家技术规范变化
E　检查执行情况

5. 检定过程不需要检查或检测的有(　　)。
A　流量 Q_4 误差　　B　压力损失
C　标识　　D　流量 Q_1 误差
E　远传表电池寿命

6. 检定站常用设备包含(　　)。
A　水表检定装置　　B　耐久性试验设备
C　供水增压系统　　D　空气压缩机
E　试压装置

7. (　　)对《饮用冷水水表检定规程》理解掌握。
A　内部研讨统一认识　　B　各自理解
C　参加外部培训　　D　与同行交流
E　听领导的

8. 与水表维修有关的事包含(　　)。
A　应有维修许可证　　B　应有相适应的检定设备
C　应有被维修水表的型批证　　D　应有专业人员
E　应有原生产单位的零部件

9. 检定流程包含有(　　)。

A　评价接收送检水表　　B　登记存放
C　确定检定操作注意事项　　D　调试是否合格
E　安排检定

10. 较复杂的生产流程必须有(　　)。
A　产品设计　　B　通过型批
C　组装　　D　检定
E　包装

11. 期间核查需要(　　)。
A　测一遍水表误差值　　B　测十遍水表误差值
C　计算误差平均值　　D　计算实验标准差
E　现在计算值与过去计算值比较

12. 需要编制的质量管理文件有(　　)。
A　质量手册　　B　程序文件
C　考勤制度　　D　计量器具周期检定日程表
E　设备管理制度

13. 属于检定术语的有(　　)。
A　检定证书　　B　校验
C　首检　　D　使用中检查
E　后续检定

14. 工业用表使用中误差检查方法有(　　)。
A　现场外夹超声波流量计　　B　在检定站用检定装置
C　现场串联相同水表　　D　现场串联 0.5 级电磁流量计
E　流入标准容器

15. 水表检定工艺装备应考虑的方面有(　　)。
A　设备先进性　　B　工作效率
C　自动化程度　　D　厂房配套性
E　人员技能

16. 误差偏负外部的可能原因有(　　)。
A　量筒内有余水　　B　底阀更新后量筒体积发生变化
C　内部管线有虹吸　　D　水中有气泡
E　阀门有漏水

17. 记录管理混乱的处理办法有(　　)。
A　明确管理规定　　B　内审检查
C　日常巡查执行情况　　D　让执行者明白记录用途
E　需要时整理应付检查

18. 水表维修流程与生产的不同之处有(　　)。
A　清洗零部件　　B　检查出磨损或损坏的零件
C　新零件替换不宜再用零件　　D　装配
E　调试性能

19. 水表维修方面不可以操作的有（　　）。

A　DN100 垂直螺翼表后续检定不合格修理

B　修好后告诉用户需要支付多少钱

C　DN20 水表 6 年后拆回来修理再用

D　玻璃冻坏只需要更换玻璃

E　要有被维修表的相应零部件

20. 目前水表生产主要由大型专业化公司承担，自来水公司主要负责水表检定任务，即运行授权站相关工作，下列主要是授权站考虑的工作有（　　）。

A　保障检定能力满足用表需求

B　如何运行 JJF 1069 相关要求

C　考虑检定工作先进性等

D　考虑改进水表产品设计先进性

E　保持技术人员稳定和能力提升

21. 自来水公司需要开展水表强检工作，需要通过政府市场监管局（　　）考核发证。

A　JJF 1777 水表型式批准

B　JJF 1033 计量标准

C　JJF 1069 授权

D　JJG 162 冷水水表检定规程

E　检定人员资格

三、判断题

（　　）1. 水表生产流程最终要保障水表合格。

（　　）2. 水表度盘灌满水不属水表示值误差检定流程应该做的事。

（　　）3. 水表检定流程最终要保障水表合格。

（　　）4. 术语“检定结果通知书”是书面告知水表检定结果。

（　　）5. 检定记录填写缺信息无后续影响。

（　　）6. 期间核查是 JJF 1069 中要求。

（　　）7. 检定站质量管理规定尽可能在《程序文件》里表述。

（　　）8. 水表检定与生产所需装备一样。

（　　）9. 维修水表应由熟悉该表结构的专业人员实施。

四、问答题

1. 单台位检表有人看表开关阀门，有人看量筒水位开关阀门，这两种方法对获取示值误差你有何看法？

2. 自来水公司水表检定站开展水表检定工作，请列出需要配备哪些常用设备？不少于 10 个形式。

3. 有一批 DN100 垂直螺翼远传水表通过检定站检定，自来水公司安装调试时发现机电转换不通信，再试这批水表都不通信，向你报告，你作为检定站质量管理员如何查原因？如何防止再发生这种情况？

4. 有居民用户向你询问水表是否是翻新制作的？表壳和机芯是否都是全新的？旧表壳和机芯如何处理？

第12章　安全生产知识

一、单选题

1. 所谓安全生产管理的目的是(　　)。

A　立法、监督和监察　　B　编制管理制度

C　制订操作程序　　D　人与机器物料、环境的和谐

2. 安全生产的意义不包括(　　)方面。

A　政治方面　　B　经济方面

C　社会方面　　D　文化方面

3. 仓库保管员对易燃易爆物品的管理应是(　　)。

A　分开存储　　B　重点关注

C　垫高贮存　　D　防水贮存

4. 在事故按照伤害程度的分类中，下列不属于伤害程度表述的是(　　)。

A　轻伤　　B　重伤

C　残疾　　D　死亡

5. 安全保护措施中，下列不属于常用劳动保护用品的是(　　)。

A　望远镜　　B　安全帽

C　防砸鞋　　D　耳塞

6. 下列(　　)不属于水表装修工防护水表损坏的操作。

A　使用塑料周转箱　　B　使用沥水架车

C　按表号顺序装箱　　D　按托捆扎

7. 在大口径水表检定时，检定员最需要穿戴的防护用品为(　　)。

A　安全帽　　B　护目镜

C　防砸鞋　　D　防水服

8. 根据安全应急预案针对的对象不同，生产经营单位应急预案可分为三种，以下不属于其中的是(　　)。

A　突发应急预案　　B　综合应急预案

C　专项应急预案　　D　现场处置方案

9. 下列不属于常见四类安全标识牌的是(　　)。

A　警告　　B　允许

C　安保部　　D　禁止

10. 下列不属于安全文明生产中的“四不放过”的是(　　)。

A　事故原因未查明不放过　　B　当事人和群众没有受到教育不放过

C　事故责任人未受到处理不放过　　D　事故造成的损失未得到应有赔偿不放过

11. 水表试压过程中人为操作同时把水表玻璃和压力表损坏，下列说法正确的是(　　)。

A　属安全事故　　B　属技术不熟练

C　是玻璃不合格　　D　是压力表不合格

二、多选题

1. 事故报告的内容有(　　)。

A　事故发生单位的概况

B　事故发生的时间、地点以及事故现场的情况

C　事故原因的调查分析

D　事故已经造成或者可能造成的伤亡人数和初步估计的直接经济损失

E　已经采取的措施

2. 事故调查分析的主要任务有(　　)。

A　查清事故发生的经过

B　找出事故发生的原因

C　分清事故责任

D　吸取事故教训，提出预防措施，防止类似事故的重复发生

E　对相关责任人的处罚

3. 常见的安全生产防护用品有(　　)。

A　安全帽　　B　护目镜

C　防砸鞋　　D　助听器

E　耳塞

4. 高处作业时个人须穿戴的安全防护用品有(　　)。

A　安全帽　　B　绝缘手套

C　安全网　　D　安全带

E　安全栏杆

5. 安全文明生产的意义在于有利于(　　)。

A　管理体系的建立

B　弥补生产力水平、技术装备存在的缺陷

C　规范职工安全生产行为，营造浓厚安全生产氛围

D　提高企业安全管理水平和层次，树立良好的企业形象

E　节能降耗，提高企业的盈利水平

6. 关于安全文明生产中“以人为本”的原则，下列说法正确的是(　　)。

A　一切以安全为重，安全必须排在第一位

B　必须预先分析危险源

C　当事人没有受到教育的不放过

D　将危险和安全隐患消灭在萌芽状态

E　管生产必须管安全

7. 水表检定下列行为不正确的有(　　)。

A　不需关注气压多少，开启由气压控制的检定装置

B　检表时喷水立即关闭进水阀

C　大表夹紧后直接大流量通水排气

D　检表结束后关闭进出水阀，直接松开夹紧装置

E　未经培训合格独自直接操作智能检表装置

8. 下列属于水表检定不安全行为的有(　　)。

A　通水排气时先小后大开转子流量计

B　冬季下班不排空室外稳压罐玻璃液位管内水

C　水表夹在检定装置上下班离开

D　试压时快速增压

E　检定装置上试压阀不用时处于增压状态

三、判断题

(　　) 1. 安全生产管理，就是指国家应用立法、监督、监察等手段，企业通过规范化、标准化、科学化、系统化的管理制度和操作程序，对危害因素进行辨识、评价、控制，实现生产过程中人与机器设备、物料和环境的和谐，达到安全生产的目的。

(　　) 2. 做好安全生产管理工作，在政治上，它是维护和巩固政权基础的有力保障，是实现安全发展的基础和创建和谐社会的需要。

(　　) 3. 大表检定装置常用气动控制水表夹紧和阀门开关，其气压管道中压力大小要关注。

(　　) 4. 仓库内严禁明火、吸烟，火种不得带入仓库内；且仓库内应有必要的消防器材，保管员应懂得正确使用。

(　　) 5. 从广义角度讲，事故是指人们在实现有目的的活动中，由不安全行为或不安全状态所引起的、突然发生的、与人的意志相反的事先未能预料到的意外事件，它能造成人员伤亡和财产损失，导致生产中断，对社会产生不良影响。

(　　) 6. 安全生产事故管理中，我国重点抓住企业职工的伤亡事故，先后制定了《企业职工伤亡事故分类》《企业职工伤亡事故调查分析规则》和《企业职工伤亡事故经济损失统计标准》等国家标准。

(　　) 7. 按照事故的严重程度分类，可将企业职工伤亡事故分为轻伤、重伤和死亡三个等级。

(　　) 8. 为防御头部不受外来物体打击和其他因素危害而配备的个人防护装备有：防护帽、防尘帽、防寒帽、安全帽、防毒口罩、护目镜、防静电帽等。

(　　) 9. 在安全保护措施中，标识牌是用来警告工作人员此处危险、不准接近设备带电部分等，它可用木质或金属材料制作，悬挂在现场醒目位置。

(　　) 10. 当安全事故发生时，安全生产监督管理部门和负有安全生产监督管理职责的有关部门逐级上报事故情况，每级上报的时间不得超过 8h，事故报告后出现新情况的，应当及时补报。

(　　) 11. 专项应急预案，是指生产经营单位为应对某一种或者多种类型生产安全事故，或者针对重要生产设施、重大危险源、重大活动防止生产安全事故发生而制订的专

项性工作方案。

（　　）12. 安全文明生产的意义重大，具体体现在有利于管理体系的建立和完善；有利于弥补生产力水平、技术装备存在的缺陷；规范职工安全生产行为，营造浓厚安全生产氛围；提高企业安全管理水平和层次，树立良好的企业形象。

（　　）13. 安全生产管理中，“谁主管，谁负责”原则就是安全生产的重要性要求主管者也必须是责任人。

四、问答题

1. 根据安全事故的严重程度，安全生产监督管理部门接到事故报告后，应当如何上报，并通知公安机关、劳动保障行政部门、工会和人民检察院？

2. 安全文明生产中的“四不放过”原则是什么？

3. “三同步”原则是什么？

4. 检大表尤其 DN200 或 DN300 表常用流量时，在关闭出水阀时如何操作减少或防止水锤现象，以便保护设备免受强振动？

5. 检大表过程中装夹水表处突然喷水，请制订处理步骤（预案）。

水表装修工（五级　初级工）

理 论 知 识 试 卷

注 意 事 项

1. 考试时间：90min。
2. 请仔细阅读各种题目的回答要求，在规定的位置填写您的答案。
3. 不要在试卷上乱写乱画，不要填写无关的内容

	一	二	总分	统分人
得分				

得　分	
评分人	

一、单选题（把选项符号填入括号，每题 1 分，共 80 分）

1. 10000L 等于(　　)m^3。

A　1　　B　10　　C　100　　D　1000

2. 在法制计量工作中，检定站的计量标准器的考核属于(　　)。

A　计量立法　　B　计量器具的控制

C　测量结果的管理　　D　计量标准的建立

3. 一只 DN15 水表，在示值误差的检定中，分界流量 3 次的误差值分别为 2.1%、1.3%、1.1%，下列表述正确的是(　　)。

A　平均误差为 1.5%，此流量误差合格　　B　平均误差为 1.5%，此流量误差不合格

C　需要再做 3 遍方能判定是否合格　　D　第一次为 2.1%，即判定为不合格

4. 测量误差等于(　　)。

A　测量量值一参考量值　　B　测量量值一标准量值

C　参考量值一测量量值　　D　标准量值一测量量值

5. 测量结果的总的不确定度称为(　　)。

A　标准不确定度　　B　扩展不确定度

C　合成标准不确定度　　D　综合不确定度

6. 在质量管理的常用统计方法中，我们常用的因果分析法，它是从六个方面分析影

响质量的最大原因，(　　)不是属于其中的。

A　人员　　B　设备　　C　地点　　D　方法

7. 质量控制统计方法中，排列图法又称为(　　)。

A　鱼刺法　　B　分层法　　C　直方图法　　D　主次因素分析法

8. 下列不属于计量特点的是(　　)。

A　科学性　　B　准确性　　C　溯源性　　D　法制性

9. 测量是以(　　)为目的的一组操作（该操作可以是自动进行的）。

A　追求准确　　B　确定量值　　C　科学分析　　D　实用

10. 电路中熔丝是主要用来执行(　　)任务的。

A　连通　　B　短路　　C　保护　　D　断路

11. 电流单位的名称是安培，简称安，而电量的单位名称用(　　)字母表示。

A　A　　B　B　　C　C　　D　D

12. 串联电路中的总电流等于(　　)。

A　各电阻的电流之和　　B　各电阻电流之和的倒数

C　任一电阻的电流　　D　各电阻电流倒数之和

13. 磁场中某一点的磁场方向即为磁力线在该点的(　　)方向。

A　抛物线　　B　垂直　　C　水平　　D　切线

14. 下列不属于机械传动方式的是(　　)。

A　磁力传动　　B　电动传动　　C　气压传动　　D　液压传动

15. 机械制图中，准确表达物体的形状、尺寸、偏差及其技术要求的图，称为(　　)。

A　图形　　B　图样　　C　立体图　　D　视图

16. 机械制图中，下列属于粗实线应用的是(　　)。

A　剖面线　　B　断裂处边界线　　C　轴线　　D　可见轮廓线

17. 机械制造中，为保证零件具有(　　)，应对其尺寸规定一个允许变动的范围，即允许尺寸的变动量，称为尺寸偏差。

A　互换性　　B　耐磨性　　C　热稳定性　　D　精准性

18. 剖视图中表示金属材料的剖面符号是(　　)。

A　　B　　C　　D

19. 在零件图的绘制中，首先需要确定(　　)，再考虑之后还需要配置多少其他视图，采用哪种表达方法，应根据零件的复杂程度，在能够正确、完整、清晰地表达零件内外结构的前提下，尽量用较少的视图，以便于画图和读图。

A　主视图　　B　俯视图　　C　左视图　　D　剖面图

20. 零件图标注尺寸时，不允许出现(　　)尺寸链，因为这样精度难以得到保证。

A　间断　　B　连续　　C　封闭　　D　断开

21. 零件加工表面上具有的较小间距和峰谷所组成的微观几何形状不平的程度，被称作(　　)。

A　平整度　　B　公差　　C　偏差　　D　表面粗糙度

22. 在零件图中，表面粗糙度代号中数字书写方向，必须与尺寸数字书写方向一致，当零件表面中大部分粗糙度相同时，也可将相同的粗糙度代号标注在统一右上角，前面加(　　)二字。

A　余下　　B　其余　　C　统一　　D　剩余

23. 螺纹环规是一种“量具”，是用来检测(　　)中径的，两个为一套，一个叫通规，一个叫止规。

A　外螺纹　　B　内螺纹　　C　内、外螺纹　　D　不确定

24. 金属受热时体积会增大，而冷却时会收缩的性能，称为(　　)。

A　导热性　　B　导电性　　C　热膨胀性　　D　塑性

25. 下列不属于塑料特性优点的是(　　)。

A　质量轻　　B　耐磨　　C　成型加工容易　　D　耐热性强

26. 水表零件除塑料材料外，还有许多其他材料，下列不属于水表零件材料的是(　　)。

A　钢化玻璃　　B　玻璃钢　　C　玛瑙　　D　不锈钢

27. 水表中使用非金属材料最多的是(　　)部件。

A　水表机芯　　B　水表接管　　C　水表中罩　　D　水表表壳

28. 水表表壳材料中，(　　)不得在饮用水管网中新装和换装。

A　灰铸铁　　B　工程塑料　　C　球墨铸铁　　D　铸铅黄铜

29. 在水的自由表面上，由于分子间引力作用的结果，产生了极其微小的拉力，我们一般称这种拉力为(　　)。

A　水的拉力　　B　水的表面拉力　　C　水的表面张力　　D　水的表面力

30. 试验表明，水的密度随温度和压强的变化非常小，一般情况下可近似认为水的密度是个常数，即(　　)kg/L。

A　100　　B　10　　C　1　　D　1000

31. 仓库保管员对易燃易爆物品的管理应是(　　)。

A　分开存储　　B　重点关注　　C　垫高贮存　　D　防水贮存

32. 在大口径水表检定时，检定员最需要穿戴的防护用品为(　　)。

A　安全帽　　B　护目镜　　C　防砸鞋　　D　防水服

33. 水表不能用来测量(　　)。

A　清洁水体积　　B　瞬时流量

C　污水处理厂流进来的污水量　　D　漏失量

34. 用于贸易结算时(　　)水表属于强制检定。

A　DN15～DN50　　B　DN15～DN300

C　DN50～DN300　　D　大于 DN300

35. LXS-20 水表型号的含义是(　　)。

A　旋翼水表　　B　DN20 多流束旋翼湿式冷水水表

C　DN20 超声波水表　　D　DN20 多流束旋翼湿式热水水表

36. (　　) 是湿式水表的基本特征。

A　玻璃不会冻坏　　B　度盘里没有水

C　度盘里有水　　D　对水质要求不高

37. 饮用冷水水表检定规程的编号是(　　)。

A　JJG 686—最新年号　　B　JJG 126—最新年号

C　JJG 162—最新年号　　D　JJG 1113—最新年号

38. 常用流量的含义是(　　)。

A　能长时间使用的最大流量　　B　能短时间使用的最大流量

C　数值可以自己试验定　　D　不能反映水表负载能力

39. 旋翼水表的最大规格是（　　）。

A　DN300　　B　DN200　　C　DN150　　D　DN100

40. 水表检定类别有(　　)。

A　首次检定　　B 后续检定　　C　使用中检查　　D　A+B+C

41. 使用中密封性检查的试验压力是(　　)。

A　1.6MPa　　B　使用条件下　　C　不检查　　D　1MAP

42. 示值误差检定不包含(　　)。

A　Q_1　　B　Q_2　　C　Q_3　　D　Q_4

43. DN40 水表 $Q_3=25m^3/h$ (　　)表述正确。

A　检定周期 4 年　　B　检定周期 2 年　　C　使用期限 4 年　　D　使用期限 6 年

44. 水表标识没有显示压力则应为(　　)MPa。

A　2　　B　1　　C　0.5　　D　没有要求

45. (　　)是电子水表。

A　旋翼式水表　　B　垂直螺翼水表

C　电磁水表　　D　干式水表

46. 不是电磁水表组成部分的是(　　)。

A　磁路系统　　B　电极　　C　转换器　　D　被测介质

47. 电磁水表可测量正向总量、反向总量和(　　)。

A　水压　　B　瞬时流量　　C　水温　　D　A+B+C

48. 远传水表是水量数据(　　)的一类水表。

A　传输到远离水表部位　　B　处理存储

C　自我纠错　　D　及时更新

49. 超声波水表可通过测量超声波在顺流和逆流传播的(　　)来测量流速。

A　时间差　　B　电压差　　C　电流差　　D　压力差

50. 超声波水表安装时对(　　)没有要求。

A　直管段长度　　B　强磁场环境

C　流经液体电导率　　D　流体是否充满管道

51. 水表检定装置组成有(　　)。

A　标准器　　B　夹紧器　　C　瞬时流量指示计　D　A+B+C

52. 水表检定装置可用于(　　)。

A　示值误差检测　　B　压力损失检测　　C　密封性检查　　D　A+B+C

53. 串联水表检定装置多用于(　　)。

A　水表生产　B　水表检定　C　争议水表检定　D　A+B

54. 转子流量计读数位置是(　　)。

A　转子上端最小平面　B　转子上端最大平面

C　转子最上端平面　D　转子最下端平面

55. 耐压试验台主要由(　　)组成。

A　夹紧装置　B　增压机构　C　压力显示仪表　D　A+B+C

56. 水表密封性检查操作中通水排气结束时应(　　)。

A　先关出水阀　B　先关进水阀　C　先增压　D　先关锁压阀

57. 质量法检定装置需要配备(　　)。

A　换向器　B　电子秤　C　转子流量计　D　A+B+C

58. 电子功能检查器具配备应由(　　)。

A　检定站购买　B　检定站制造　C　水表生产单位提供　D　A+B+C

59. 水表塑料制品最典型的成型方法是(　　)。

A　车加工　B　焊接　C　注射成型　D　A+B

60. 注射成型工艺条件三要素：(　　)、压力、时间。

A　温度　B　注射量　C　湿度　D　频率

61. 注射机是将熔化的塑料经过高压快速注入模具内，经过一定的(　　)，开启模具取出制品。

A　冷却　B　减压　C　加热　D　保温

62. 水表铁壳一般用(　　)铸造。

A　离心　B　压力　C　砂型　D　金属模

63. 适合作水表叶轮盒的材料是(　　)。

A　铸铁　B　聚甲醛　C　ABS　D　聚乙烯

64. 水表零件并不是每个零件或每个尺寸都承担重要职能，把零件中承担(　　)职能的尺寸或项目称作主项。

A　次要　B　外观　C　重要　D　计数

65. 水表齿轮节圆跳动度检验错误的方法是(　　)。

A　投影仪　B　齿轮跳动仪、百分表

C　齿轮跳动仪、千分表　D　车床、百分表

66. 水表零件检验之前首要的是要选择(　　)的量具，以求得到合适的测量能力。

A　高精度　B　低精度　C　合适　D　能找到

67. 金属表面粗糙度普遍采用(　　)进行检验。

A　显微镜　B　标准样块比较　C　目测　D　千分尺

68. (　　)是小表主流指示形式。

A　指针式　B　普通字轮指针组合式

C　半液封式　D　液晶式

69. 选择(　　)能起到防晒作用。

A　湿式水表　B　干式水表　C　液封水表　D　A+B+C

70. 水表安装要考虑后续(　　)方便性。

A　抄表　　B　更换　　C　A+B　　D　防盗

71. 水表特别慢的原因有(　　)。

A　机芯里面有毛刺　　B　调节孔开启过小

C　检表装置漏水　　D　水里有空气

72. 水表度盘发黑的原因是(　　)。

A　塑料老化　　B　阳光照射　　C　表盖没有盖好　　D　B+C

73. 长时间空关民用户会产生(　　)情况。

A　不用水空转产生较大数据　　B　漏水

C　水表计量不准产生大用量　　D　A或B或C

74. 水表检定流程中评价检定质量的是(　　)。

A　检定标识　　B　抽检

C　确定检定操作注意事项　　D　出具检定证书

75. 自来水公司自用水表检定不合格时可以(　　)。

A　退回自来水公司　　B　生产单位来维修

C　自行调节　　D　B或C

76. 水表示值误差检定通水排气后(　　)。

A　先关最小出水阀　　B　先关最大出水阀

C　先关进水阀　　D　随便先关哪个阀

77. 检定流程中可以省略的是(　　)。

A　出具检定证书　　B　检定标识

C　安排检定　　D　评价接受送检水表

78. 安装要考虑上下游直管段的水表是(　　)。

A　旋翼表　　B　垂直螺翼表　　C　水平螺翼表　　D　A+B+C

79. 用容积法检DN20水表分界流量示值误差时，50转子流量计在漏水，会使该误差(　　)。

A　偏慢　　B　偏快　　C　不确定　　D　A或B

80. 水表自转不是因为（　　）。

A　管道里有气　　B　管道里有压力波动

C　水表故障　　D　A+B

得　分	
评分人	

二、**判断题**（正确的请在括号内打“√”，错误的打“×”，每题1分，共20分）

(　　) 1. 计量是实现单位统一、量值准确可靠的活动。

(　　) 2. 相对误差即是绝对误差与被测量的约定真值之比。

(　　) 3. 串联电路中，流过每个电阻的电流均相等，而各电阻上的电压与各电阻成反比。

(　　) 4. 机械制图中基本视图最常用的三个视图为主、俯、左视图。

（　　）5. 深度游标卡尺比游标卡尺测量工件的深度好。

（　　）6. 塑料制品的特性有质量轻，比强度高，优良的电绝缘性和化学稳定性，成型加工容易，且耐热性高。

（　　）7. 水具有流动性，在运动状态下，水的内部质点间或流层间因相对运动而产生内摩擦力以抵抗剪切变形，这种性质叫作黏性。

（　　）8. 大表检定装置常用气动控制水表夹紧和阀门开关，其管道中气压大小要关注。

（　　）9. 水表已列入法制管理计量器具。

（　　）10. 字轮式具有直观性强的特点。

（　　）11. 首次检定与后续检定要求一样。

（　　）12. 电磁水表可以测量小区二次净化的直饮水。

（　　）13. 电磁水表没有运动部件，所以流速越慢测量精度越高。

（　　）14. 水表检定装置可以不用转子流量计。

（　　）15. 小口径水表多数用水表检定装置进行密封性试验。

（　　）16. 注射成型的塑料温度越高越好。

（　　）17. 铸造模具尺寸略大于产品，其中差额为收缩余量。

（　　）18. 叶轮轴上下窜量是保障小流量阻尼小。

（　　）19. 水表偏快除水表自身原因也会有检定装置原因。

（　　）20. 水表生产流程最终要保障水表合格。

水表装修工（四级　中级工）

理论知识试卷

注意事项

1. 考试时间：90min。
2. 请仔细阅读各种题目的回答要求，在规定的位置填写您的答案。
3. 不要在试卷上乱写乱画，不要填写无关的内容。

	一	二	总分	统分人
得分				

得　分	
评分人	

一、单选题（把选项符号填入括号，每题1分，共80分）

1. 引用误差是指计量器具的绝对误差与特定值之比，特定值一般称为引用值，它是计量器具的(　　)。

A　说明书上的常用值　　B　标称范围的1/2

C　标称范围的2/3　　D　量程

2. 法制计量是计量的一部分，即与法定计量机构所执行工作有关的部分，它不应涉及(　　)。

A　绩效考核　　B　计量单位　　C　测量方法　　D　测量设备

3. 按照误差的特点和性质，误差可分为三类，下列不属于该分类的是（　　）。

A　相对误差　　B　系统误差　　C　随机误差　　D　粗大误差

4. 下列(　　)不属于测量不确定度产生的原因。

A　随机效应　　B　系统效应

C　管理效应　　D　数据处理中的修约

5. 国际上趋向于把计量分为科学计量、工程计量和(　　)三类。

A　数学计量　　B　企业计量　　C　法制计量　　D　其他计量

6. 标准不确定度B类评定方法中，不属于不确定度分量的有关信息或资料的是(　　)。

A　之前的观测数据　　B　生产部门提供的技术说明文件

C　校准证书　　D　产品合格证

7. 不确定度的B类评定方法属于(　　)。

A　扩展不确定度　　B　合成不确定度　　C　标准不确定度　　D　A和B

8. 在质量管理的常用统计方法中，我们常称作鱼刺图的是(　　)。

A　排列图法　　B　分层图法　　C　直方图法　　D　因果分析法

9. 电压常用单位有V、kV、mV和μV，其中1kV等于(　　)V。

A　10　　B　10^3　　C　10^6　　D　10^9

10. 串联电路中的总电压等于(　　)。

A　各电阻两端电压之和　　B　各电阻电压之和的倒数

C　任一电阻两端电压　　D　各电阻电压倒数之和

11. 磁场和电场一样是有方向的，在磁场中某点放一个能自由转动的小磁针，静止后(　　)极所指的方向，规定为该点的磁场方向。

A　M　　B　N　　C　B　　D　S

12. 磁场中磁力线的疏密程度与磁场的强弱关系是：磁力线越密表示磁场越(　　)。

A　强　　B　弱　　C　不变　　D　不确定

13. 机械制图中，下列属于虚线应用的是(　　)。

A　不可见轮廓线　　B　断裂处边界线　　C　轴线　　D　可见过渡线

14. 机械制图中，图样中（包括技术要求和其他说明）的尺寸，以(　　)为单位时，不需要标注计量单位的代号或名称，如果采用其他单位的，必须注明相应的计量单位的代号或名称。

A　微米　　B　毫米　　C　厘米　　D　米

15. 图样中，图形只能表达物体的形状，尺寸确定它的真实大小。机件的真实大小应以图样上所标注的尺寸数值为依据，与图形的大小及绘图的准确度(　　)。

A　成比例放大　　B　成比例缩小　　C　无关　　D　不确定

16. 机械制图中，六个基本视图中(　　)不是常用的视图。

A　主视图　　B　俯视图　　C　仰视图　　D　左视图

17. 若粗实线的宽度为1，那么细实线的宽度为(　　)。

A　1　　B　2/3　　C　1/2　　D　1/3

18. 绘制图样中的比例是图中图形与其实物相应要素的线性尺寸之比，放大比例可表示为(　　)。

A　1∶1　　B　1∶2　　C　2∶1　　D　文字说明

19. 剖视图中金属材料的剖面符号，应画成与水平呈45°的相互平行、间隔均匀的(　　)。

A　粗实线　　B　细实线　　C　波浪线　　D　细点划线

20. 螺纹环规是一种“量具”，两个为一套，一个叫通规，一个叫止规，通常用英文字母“(　　)”表示通规。

A　C　　B　A　　C　T　　D　Z

21. 经过加工的零件表面，不但会有尺寸误差，而且还有形状和位置误差，对于精度较高的零件，要规定其表面形状和相互位置的公差，简称(　　)。

A　形状公差　　B　位置公差　　C　形位公差　　D　尺寸公差

22. 在交变应力作用下，虽然零件所承受的工作应力低于材料的屈服点，但经过较长时间的工作而产生裂纹或突然断裂的过程叫作金属的(　　)。

A　强度　　B　疲劳强度　　C　塑性　　D　韧性

23. 通用塑料有五大类，下列不属于通用塑料的是(　　)。

A　聚乙烯　　B　聚甲醛　　C　聚丙烯　　D　聚氯乙烯

24. 水表指针、滤网一般用(　　)塑料材料制作。

A　ABS　　B　POM　　C　PE　　D　PP

25. 金属的导电性和导热性一样，随金属成分变化而变化，一般来说纯金属的导电性比合金的导电性要(　　)。

A　强　　B　弱　　C　一样　　D　不确定

26. 球墨铸铁比普通灰口铸铁有较高强度、较好韧性和塑性，其牌号以(　　)后面附两组数字表示。

A　HT　　B　KT　　C　QT　　D　ZT

27. 金属材料加工中的铸造方法有许多，其中应用最广泛的是(　　)。

A　离心铸造　　B　熔模铸造　　C　金属型铸造　　D　砂型铸造

28. 下列塑料中，不可以回收再利用的是(　　)。

A　聚氯乙烯　　B　酚醛树脂　　C　聚乙烯　　D　聚苯乙烯

29. 水的黏度大小与(　　)有关。

A　温度　　B　密度　　C　流速　　D　压强

30. 表面张力不可能发生在(　　)之间。

A　液体与固体　　B　液体与气体

C　气体与固体　　D　两者不相溶的液体

31. 伯努利方程给出了位能、压力能和(　　)之间的相互转换关系。

A　势能　　B　热能　　C　动能　　D　电能

32. 下列(　　)不属于水表装修工防护水表损坏的操作。

A　使用塑料周转箱　　B　使用沥水架车

C　按托捆扎　　C　按表号顺序装箱

33. 湿式水表比干式水表(　　)。

A　怕晒　　B　玻璃不易冻坏　　C　灵敏性差　　D　对水质要求不高

34. (　　) 是干式水表的基本特征。

A　度盘与管路相通　　B　不用磁传

C　必须用钢化玻璃　　D　度盘里没有水

35. (　　) 是字轮式水表的常用特征。

A　有字轮机芯就没有指针　　B　字轮位数越多越好

C　液封机芯字轮部分都被液封　　D　字轮转动与指针一样同步

36. 冷水水表检定规程用于(　　)。

A　校准　　B　生产单位　　C　型式评价　　D　法制管理

37. DN100 电磁水表 Q_2/Q_1 数值是(　　)。

A　6.3　　B　4　　C　2.5　　D　1.6

38. 水表规格 DN20 的含义是(　　)。

A　水表连接端内径　　B　水表连接端外径

C　连接端螺纹直径　　D　与内外径无关

39. 属于冷水水表的是(　　)。

A　T30　　B　T50　　C　T90　　D　A 或 B

40. 封印有(　　)。

A　机械封印　　B　电子封印　　C　封闭结构　　D　A 或 B 或 C

41. 常用流量 Q_3 说法正确的是(　　)。

A　额定工作条件下最大流量　　B　检定条件下最大流量

C　参考条件下最大流量　　D　任何条件下最大流量

42. 0.1 位指针齿轮与个位字轮的传递关系是(　　)。

A　0.1 位指针接近转一圈时个位才开始转

B　个位直接通过齿轮接受传递

C　等比例传递

D　0.1 位指针不会出现相对个位偏针

43. 智能水表的特点是(　　)。

A　显示读数　　B　计量水量

C　方便抄读　　D　机械读数转换成电子数据

44. 标称口径的电磁水表其实际内径往往小于标称口径，是为了(　　)。

A　控制用水量　　B　防止外界干扰

C　提高流速从而提高测量精度　　D　减轻重量

45. 电磁水表的主要组成部分是外壳、衬里、磁路系统、(　　)。

A　电介质　　B　转换器　　C　前直管段　　D　后直管段

46. 电磁水表不能用于检测(　　)液体。

A　导电　　B　非导电　　C　低导电　　D　高导电

47. 超声波水表安装时，安装点上游距水泵应有(　　)距离。

A　$5D$　　B　$10D$　　C　$15D$　　D　$30D$

48. 预付费水表主要用于(　　)。

A　工业用户　　B　居民　　C　消防　　D　A+B+C

49. 常用水表检定装置按管径分为(　　)。

A　DN15～DN25　　B　DN40～DN50　　C　DN15～DN200　　D　A+B

50. 单表位装置多用于(　　)。

A　性能调试　　B　争议水表检定　　C　台位比对基准　　D　A 或 B 或 C

51. 量筒采用葫芦型或隔板型的好处是(　　)。

A　好看　　B　减少占地

C　增加量器的量限和分辨力　　D　B+C

52. 检定站必须配备的水表检定设备有(　　)。

A　水表检定装置　　B　耐压台　　C　稳压罐　　D　A+B+C

53. 检定装置可以高效检定的是(　　)。

A　质量法　　B　活塞法　　C　启停容积法　　D　A或B

54. 转子流量计上流量点可以用(　　)测算出。

A　秒表　　B　量筒水量　　C　A+B　　D　水表水量

55. 检定供水管路系统稳压要(　　)。

A　稳压罐进水管大于出水管总面积　　B　大小表不宜共用一个稳压罐

C　水泵供水量不能小于用水总量　　D　A+B+C

56. (　　) 不是水表检测设备。

A　水表检定装置　　B　行车

C　耐压台　　D　加速磨损试验装置

57. 水表黄铜材质零件生产厂采用(　　)检测。

A　光谱　　B　化学分析　　C　经验　　D　委外

58. 注塑机按外形分为(　　)、卧式注塑机等。

A　柱塞式注塑机　　B　螺杆式注塑机　　C　立式注塑机　　D　螺杆塑化塑机

59. 注塑原理是将塑料颗粒在料筒内(　　)并熔化至黏流态，以高压快速注入模具内，冷却成型。

A　加压　　B　去湿　　C　加溶剂　　D　加热

60. 铸造一般分为(　　)、特种铸造。

A　压力铸造　　B　砂型铸造　　C　离心铸造　　D　金属型铸造

61. 水表齿轮材料具备三个特点：尺寸稳定性好、(　　)、足够的强度。

A　化学稳定性好　　B　机械加工性好　　C　材料密度低　　D　良好的耐磨性

62. 聚甲醛具有多项适合水表齿轮的特性，下列不正确的是(　　)。

A　高强度　　B　耐疲劳　　C　低摩擦系数　　D　低收缩率

63. 制芯是将树脂砂粒置于模具中形成铸件的(　　)轮廓。

A　外部表面　　B　内部表面　　C　浇冒口　　D　A+B+C

64. (　　)不属于零件主项。

A　影响计量性能的尺寸　　B　决定零件互换性的尺寸

C　影响水表使用寿命　　D　外观

65. 从水表结构及计数计量原理看民用表不可能产生的示值误差是(　　)。

A　3%　　B　50%　　C　−3%　　D　−50%

66. 不要转换直接可以把用水量传送出去的水表是(　　)。

A　电磁水表　　B　NB-IoT 水表

C　阀控旋翼远传水表　　D　IC 卡水表

67. 供水管路维修后有可能会使水表产生(　　)。

A　变快　　B　变慢　　C　灵敏针停走　　D　A或B或C

68. 为用户使用中检查水表应(　　)。

A　提供检查结果　　B　有不合格项抽象表述不合格

C　沟通指导后续如何自查　　D　A+C

69. 大表发现灵敏针不转后续要(　　)。

A　拆表清理异物　B　装过滤器　C　装止回阀　D　A+B+C

70. 最小流量误差偏慢的原因有(　　)。

A　齿轮组转动不灵活　B　调节孔开启过大

C　叶轮上有毛刺　D　A 或 B 或 C

71. 从安全方面考虑高层住户水表安装需要装(　　)。

A　排气阀　B　减压阀　C　止回阀　D　A+B+C

72. 水表被冻过后会(　　)。

A　变慢　B　变快　C　误差不受影响　D　A 或 C

73. 大表安装需要配备(　　)。

A　伸缩器　B　过滤器　C　多路供水单向阀　D　A+B+C

74. 水表检定技术文件有(　　)。

A　装配工艺卡　B　密封性检查作业指导书

C　注塑工艺文件　D　A+B+C

75. 执行技术文件应(　　)。

A　编制好直接交付使用　B　不需要签收

C　经过批准　D　A+B

76. 应由(　　)编制技术文件。

A　操作人员　B　技术人员　C　单位领导　D　检定员

77. 质量管理的常见问题有(　　)。

A　对检定规程要求掌握不够　B　执行文件无管理

C　记录管理混乱　D　A 或 B 或 C

78. 分界流量误差正超差的外部因素会是(　　)。

A　量筒内余水没有排完　B　底阀有漏水

C　水表出水端管线有漏水　D　B 或 C

79. 后续检定包含有(　　)。

A　水表使用到期　B　水表修理后

C　在实验室进行　D　A+B+C

80. 居民用户新装 DN20 水表，抄表员第一次上门抄表发现读数是 9975m^3，问你读数为何这么大？你回答是(　　)。

A　这家有漏水　B　正常用水

C　开始水表装反了　D　不清楚你可以申请检表

得　分	
评分人	

二、判断题（正确的请在括号内打“√”，错误的打“×”，每题 1 分，共 20 分）

(　　) 1. 计量的一致性是指在统一的计量单位的基础上，无论在何时何地采取何种方法、使用何种计量器具，以及由何人测量，只要符合有关的要求，其测量结果就应在给定的区间内有其一致性。

（　　）2. 测量结果的总的不确定度称为合成标准不确定度，表示为 u_c。

（　　）3. 机械传动是机械的核心。

（　　）4. 磁极间具有相互作用力，即同极相吸，异极相斥，磁极间的相互作用力叫作磁力，磁体周围存在磁力作用的空间，我们通常称为磁场。

（　　）5. 在并联电路中，两个并联电阻的值 R 可以写成 $(R_1+R_2)/R_1 \cdot R_2)$。

（　　）6. 机械制图中剖视图是假想将机件剖切后画出的图形。

（　　）7. 绝大多数塑料的摩擦系数较大，耐磨性好，具有消声和减振的作用。许多工程塑料制造的耐磨零件如齿轮、轴承就是利用了塑料的这一特性。

（　　）8. 理想流体是忽略了黏滞力的流体，它仅有压强的作用，沿着作用面的内法线方向，而且各向等值。

（　　）9. 湿式水表度盘里看到有水是表坏了。

（　　）10. 温度等级 T50 是热水水表。

（　　）11. 使用中检查外观不重要。

（　　）12. 水表 Q_3/Q_1 越大，说明水表准确度等级越高。

（　　）13. 电磁水表可以采用间隔励磁来节省电耗。

（　　）14. 可以通过电磁水表瞬时流量判定水表是否装反。

（　　）15. 控制换向器的气动换向阀出故障会使换向往复不一致。

（　　）16. 密封性检查要快速打开增压阀增压。

（　　）17. 金属型铸造便于实现连续生产，产品质量高，铸件表面整洁。

（　　）18. 铜材料强度高，耐磨性好，尺寸稳定，比塑料更适合于做水表齿轮。

（　　）19. 水表塑料零件材料应能耐受 100℃。

（　　）20. 把水表保温好就是防冻。

水表装修工（三级 高级工）

理论知识试卷

注意事项

1. 考试时间：90min。
2. 请仔细阅读各种题目的回答要求，在规定的位置填写您的答案。
3. 不要在试卷上乱写乱画，不要填写无关的内容

	一	二	三	总分	统分人
得分					

得　分	
评分人	

一、**单选题**（把选项符号填入括号，每题1分，共60分）

1. 高速摄像读表检定示值误差时，如灵敏针传动比输入错误，检表时将会产生（　　）。

A　系统误差　　B　随机误差　　C　粗大误差　　D　相对误差

2. 机电转换误差是（　　）。

A　系统误差　　B　随机误差　　C　绝对误差　　D　相对误差

3. 检定站工作中（　　）用到不确定度知识。

A　日常检定　　B　编制计量标准技术报告

C　使用中检查　　D　期间核查

4. 校准证书、检定证书或其他证件、文件所提供的数据得到的不确定度分量属于（　　）。

A　标准不确定度A类评定　　B　标准不确定度B类评定

C　合成标准不确定度A类评定　　D　合成标准不确定度B类评定

5. 机芯内有漂移碎屑会导致水表示值误差产生（　　）。

A　粗大误差　　B　相对误差　　C　系统误差　　D　绝对误差

6. 下列（　　）材料的电阻率最低。

A　铜　　B　银　　C　铁　　D　铝

7. 在均匀磁场中放一根长 1m，电流为 12A 的载流直导体，它与磁感应强度的方向呈 90°角度，若这根载流直导体所受的电磁力为 24N，那么此时磁感应强度为(　　)T。

A　4　　B　3　　C　2　　D　1

8. 标准齿轮的分度圆上，齿厚和齿槽宽度的关系为(　　)。

A　前者是后者的 2 倍　　B　前者是后者的 1/2

C　前者是后者的 1/3　　D　两者相等

9. 百分表的分度值是(　　)

A　0.002　　B　0.001　　C　0.01　　D　0.1

10. 国际上对孔与轴公差带之间的相互关系，规定了(　　)。

A　基轴制　　B　基孔制　　C　A+B　　D　混合制

11. 水表 0.01 位齿轮传递到 0.1 位齿轮传递比是(　　)。

A　1∶10　　B　10∶1　　C　1∶12　　D　12∶1

12. 零件测绘就是依据实际零件，画出它的图形，测量并标出它的尺寸，给定必要的技术要求等工作过程，下列(　　)不是零件测绘的一般过程。

A　全面了解测绘对象

B　绘制零件草图

C　对已损毁的工作表面应按照原样绘制

D　根据零件草图，绘制零件工作图

13. 0.02 游标卡尺不可能测量读出数据的是(　　)。

A　10.05　　B　10.04　　C　10　　D　10.56

14. ABS 是一种不透明，呈现浅牙色，无毒无味的粉料或颗粒，它具有较好的低温耐冲击性，ABS 材料放入水中（　　），燃烧 ABS 材料时，火焰呈现(　　)。

A　下沉、黄色　　B　上浮、黄色

C　下沉、浅蓝色　　D　上浮、浅蓝色

15. 下列塑料材料中可用于制造热水水表机芯零件的是(　　)。

A　PE　　B　ABS　　C　PA　　D　PPO

16. 塑料材料代号 POM 是(　　)。

A　尼龙　　B　聚甲醛　　C　聚乙烯　　D　聚丙烯

17. 金属型铸造铜壳与砂型铸造铜壳相比，以下说法不正确的是(　　)。

A　金属型铜壳不易漏水　　B　砂型铜壳强度高

C　金属型铜壳壁厚比砂型铜壳薄　　D　金属型对铜质要求高

18. 目前水表零件中的铜中罩和铜接管螺母的坯料加工方法通常为（　　）。

A　模锻　　B　切削　　C　砂型铸造　　D　特种铸造

19. 水表中使用的钢化玻璃不具备的能力是(　　)。

A　承受 250℃以上的温差变化

B　强度是普通玻璃的 4 倍

C　破碎时不易对人体造成严重伤害

D　易于在上面打孔便于安装远传探头

20. 流体流动时的摩擦阻力所损失的是机械能中的(　　)。

A　位能　　B　动能　　C　静压能　　D　总机械能

21. 水在一条管道中流动，若两截面的管径比为 $d_1/d_2=3$，则速度比 $v_1/v_2=$（　　）。

A　3/1　　B　1/3　　C　9/1　　D　1/9

22. 保障水表计量准确其安装现场体现水力学知识的部分是（　　）。

A　水表出水端安装单向阀　　B　水表前后安装阀门

C　水表 U10D5 直管段　　D　水表进水端安装过滤器

23. 水表试压过程中人为操作时将水表玻璃和压力表损坏，下列说法正确的是（　　）。

A　安全事故　　B　技术不熟练

C　玻璃不合格　　D　压力表不合格

24. 职工被借调期间受到工伤事故伤害，应由（　　）承担工伤保险责任。

A　借调单位　　B　原用人单位

C　原用人单位和借调单位共同　　D　职工

25. 根据安全应急预案针对的对象不同，生产经营单位应急预案可分为三种，以下不属于其中的是（　　）。

A　突发应急预案　　B　综合应急预案

C　专项应急预案　　D　现场处置方案

26. 下列行为不属安全原因的是（　　）。

A　检定装置通水排气时先大后小开转子流量计

B　试压水表时缓慢增压

C　稳压罐上安装压力表

D　人员下班时检定装置不许装夹水表

27. 电子类相比机械类水表的优点是（　　）。

A　流通能力强　　B　易于实现智能　　C　A+B　　D　环境要求低

28. 水表应具有（　　）。

A　良好的技术品质　　B　良好的经济品质

C　美观的外形　　D　A+B

29. 容积式水表适宜计量（　　）。

A　自来水　　B　纯净水　　C　中水　　D　都适宜

30. 检定时水表上游压力变化不超过（　　）%。

A　10　　B　8　　C　5　　D　3

31. DN20 水表耐久性试验不少于（　　）天。

A　40　　B　38　　C　35　　D　30

32. 根据水表重复性评价其标准偏差要求 3 遍示值误差最大相差不能超过（　　）%。

A　1.25　　B　1.13　　C　0.5　　D　0.2

33. 个位字轮与十位字轮的传递关系是（　　）。

A　等比例传递

B　个位字轮接近转一圈时十位字轮才开始转

C　个位字轮直接传递十位字轮

D　带动个位字轮转动的轴也带动十位字轮转

34.（　　）标识不符合水表计量特性。

A　U10D5　　B　U5D3　　C　U0D0　　D　U5D5

35. DN20 水表耐久性试验用水量不少于（　　）m^3。

A　2160　　B　1160　　C　1000　　D　700

36. 电磁水表使用中，当水流速度越低时测量精度越（　　）。

A　高　　B　低　　C　不确定　　D　前高后低

37. 电磁水表与电磁流量计相比，下列说法正确的是（　　）。

A　标识相同　　B　检定流量点相同

C　计量原理相同　　D　检定项目相同

38. 时差法就是通过测量超声波在水流中的（　　）变化来测量流量的。

A　速度　　B　频率　　C　强度　　D　波长

39. 智能水表是在原机械水表读数装置上加装传感器，将原水表机械读数转换成（　　），然后收集处理。

A　图像信号　　B　声波信号　　C　电信号　　D　A 或 B 或 C

40. 属于收集法的检定装置是（　　）。

A　启停容积法　　B　标准表法　　C　活塞法　　D　A+B+C

41. 根据启停容积法要求，DN15～DN25 检定装置不需要配备的量筒是（　　）L。

A　10　　B　5　　C　100　　D　A+C

42. 检定装置可以高效检定的是（　　）。

A　质量法　　B　活塞法　　C　启停容积法　　D　A 或 B

43. 水表检定装置用于（　　）。

A　检定水表检定免费　　B　生产水表检定免费

C　A+B　　D　检定和生产都不免费

44. 加速磨损控制系统防止产生（　　）现象。

A　压力波动　　B　漏水　　C　水锤　　D　A+B+C

45. 耐压台增压不宜直接用（　　）。

A　电动增压泵　　B　稳压罐水源通入增压缸

C　压缩空气通入增压缸　　D　A+B+C

46. 注塑成型时料筒温度选择与（　　）、设备、模具结构等有关。

A　塑料品种特性　　B　操作人员技术

C　制品大小　　D　气温

47. 注塑成型中注射压力影响制品的（　　）。

A　大小　　B　形状　　C　温度　　D　品质

48. 取代钢化玻璃的工程塑料是（　　）。

A　PA　　B　PC　　C　AS　　D　PS

49. 砂型铸造中模具是使用木头或金属材料制成，模具尺寸（　　）铸件。

A　略大于　　B　略小于　　C　等于　　D　A+B+C

50. 测量精度系数 $K=$（　　）。T—零件制造允差；U—测量的极限误差。

A　T/U　　B　U/T　　C　UT　　D　$2U/T$

51. 选择水表时要考虑水中(　　)杂质对水表计量产生的影响。

A　锈块　　B　砂石　　C　麻丝　　D　A+B+C

52. 水表用水量突增不可能的原因是(　　)。

A　管道漏水　　B　马桶漏水

C　太阳能热水器漏水　　D　水表计量快

53. 向某用水单位多路供水会产生(　　)情况。

A　有的水表用水量突增　　B　无异常

C　无用水水表在转　　D　A或B或C

54. DN20旋翼水表调节板不平会产生(　　)现象。

A　误差偏慢　　B　误差偏快

C　有的点偏快有的点偏慢　　D　对误差无影响

55. 水流(　　)对水表计量影响大。

A　两端一样　　B　出水端　　C　进水端　　D　不确定哪端

56. 期间核查是想知道(　　)。

A　水表稳定性　　B　试压装置稳定性

C　检定装置重复性　　D　检定装置稳定性

57. 应由(　　)编制质量管理文件。

A　熟悉JJF 1069规范人员　　B　熟悉检定站管理人员

C　检定员　　D　A+B

58. 水表检定工艺装备要考虑(　　)。

A　满足水表检定量　　B　规格范围

C　A+B　　D　水表装配需求

59. 发现质量问题应(　　)。

A　不要只看到产生问题的那个点

B　从流程防线上看有哪些做得不到位

C　领导要有全局观

D　A+B+C

60. 水表维修过程中必须做的工作有(　　)。

A　更换磨损零件　　B　获得维修许可证

C　送回到原生产单位修理　　D　维修成本超过新购买仍然维修

得　分	
评分人	

二、判断题（正确的请在括号内打“√”，错误的打“×”，每题1分，共20分）

(　　) 1. 法制计量即是与法定计量机构所执行工作有关的部分，涉及对计量单位、测量方法、测量设备和测量人员的法定要求。

(　　) 2. 在任何观测条件不变的前提下，为了提高测量精度，唯一的办法就是增加观测次数。

（　　）3. 当导体两端的电压为 1V，导体内通过的电流为 1A 时，这段导体的电阻就是 1Ω，1MΩ=106kΩ=109Ω。

（　　）4. 水表齿轮模数越大，齿轮的几何尺寸越大，齿形越大，因此承载的能力也越大。

（　　）5. 钢化玻璃的切割和加工，只能在其钢化处理前进行。

（　　）6. 金属型铸造水表铜壳比砂型铸造铜壳不容易漏水。

（　　）7. 实验证明，无论流速多少，管内径多大，也不管流体的运动黏度如何，只要雷诺数相等，它们的流动状态就相似，因此雷诺数是判别流体流动状态的准则数。

（　　）8. 检定装置打开进水总阀时转子流量计阀门应是开启状态。

（　　）9. 不采用启停法检定其用水量可以不按启停法规定，但要评定。

（　　）10. 计量标准考核取得证书后就可以开展水表强制检定。

（　　）11. 电磁水表垂直安装时可以不考虑电极连线方向。

（　　）12. 超声波水表可以安装在水泵出水口附近。

（　　）13. 检定过的水表检定装置使用中没有必要自行评定。

（　　）14. 检定装置试压有内漏多数是阀门密封出问题。

（　　）15. 稳压罐里面的气体要放掉。

（　　）16. 光滑极限塞规能够检验出孔径是否在规定公差范围内，并同时检验其形状公差。

（　　）17. 大口径水表选择时压力损失不作为重要考虑因素。

（　　）18. 水表不用水自转是水表故障。

（　　）19. 期间核查是 JJF 1069 中的要求。

（　　）20. 检定站质量管理规定尽可能在《程序文件》里表述。

得　分	
评分人	

三、多选题（把选项符号填入括号，全对得分，每题 2 分，共 20 分）

1. 下列与水表检定有关的说法正确的有（　　）。

A　建标考核涉及不确定度评定

B　水表示值误差是相对误差

C　转子流量计误差是引用误差

D　水温度计误差是绝对误差

E　水表准确度等级与水表误差要求无关

2. 一只 LXS-20 铁壳液封水表通常用到的金属材料有（　　）。

A　灰铸铁　　　　B　不锈钢

C　球墨铸铁　　　　D　黄铜

E　45 号碳钢

3. 因安全原因经常要关注并且要放出容器内水的有（　　）。

A　玻璃转子流量计

B　稳压罐液位示管

C　稳压罐

D　气动执行器用水气分离器

E　空压机储气罐

4. 计量授权证书内容包含(　　)。

A　授权范围　　B　开展检定范围

C　证书有效期　　D　下次申请时间

E　发证部门

5. 使用中检查下列说法正确的是(　　)。

A　流量选择 $Q_3 \sim Q_2$ 之间任意一个点

B　示值误差±4%内合格

C　密封性不需要在实验室做

D　电子功能以现场为准

E　外观包含安装是否符合要求

6. 电磁水表安装时应(　　)使用。

A　被测介质充满测量管段　　B　不能垂直安装

C　避免有磁场及强振动源　　D　不需要前后直管段

E　可以水淹

7. 质量法水表检定装置的优势有(　　)。

A　量器少　　B　量限设定随机性大

C　检表效率高　　D　准确度高

E　容易实现自动化

8. 水表铜壳采用金属型铸造时具备(　　)的特点。

A　铸型可反复使用　　B　便于连续生产

C　铸件表面光滑　　D　铜壳强度高

E　铜壳漏水少

9. 水表不用水自转的解决办法有(　　)。

A　换水表

B　开水龙头排气

C　在单元立管顶端安装排气阀

D　在水表进或出水端安装单向阀

E　太阳能热水器排气

10. (　　)落实对《饮用冷水水表检定规程》的理解掌握。

A　内部研讨统一认识　　B　各自理解

C　参加外部培训　　D　与同行交流

E　听领导的

水表装修工（五级　初级工）

操作技能试题

[试题1] 识DN20旋翼罩子零件图

考场准备：

序号	名称	规格	单位	数量	备注
1	DN20旋翼表罩子零件图	A4	份	1	
2	答题表	A4	份	1	
3	教室		间	1	
4	桌子			1	
5	椅子			1	
6	时钟			1	

考生准备：

(1) 黑色或蓝色的签字笔；

(2) 如需要眼镜自备。

考核内容：

(1) 本题分值：100分

(2) 考核时间：30min

(3) 考核形式：笔试

(4) 具体考核要求

① 在指定地点考试。

② 在规定时间内完成识图答题。

③ 用黑色或蓝色的钢笔或签字笔答题。

④ 答题表干净整洁，字迹工整。

⑤ 按答题表要求独立完成，不许在图纸上写画。

(5) 评分

配分与评分标准：

序号	考核内容	考核要点	配分	评分标准	扣分	得分
1	壁厚	顶面和径向最小壁厚尺寸	15	1. 2个尺寸错1个，扣10分； 2. 该项扣完为止		

续表

序号	考核内容	考核要点	配分	评分标准	扣分	得分
2	罩子与表壳配合	配合形式	10	表述错误扣10分		
		螺纹名称以及规格	15	1. 错1项扣8分； 2. 扣完为止		
		螺纹外径、螺纹长度、螺纹尾端是否串通	15	1. 错1项扣6分； 2. 该项扣完为止		
3	旋紧结构尺寸	径向尺寸	5	表述错误扣5分		
		宽度尺寸	5	表述错误扣5分		
		高度尺寸	5	表述错误扣5分		
4	罩子材料	材料名称和代号	10	1. 错误1项扣6分； 2. 该项扣完为止		
5	卷面书写	卷面书写要求整洁规范，图纸上没有写画	10	1. 字迹工整、页面整洁、填写规范，否则扣1～3分； 2. 不规范涂改1次扣2分，规范涂改超过3次，每增加1次扣2分； 3. 图纸上有写画扣5分； 4. 该项扣完为止		
6	识图时间	30min内完成	10	识图时间应控制在30min内，超过规定时间未完成者，考核中止，上交试卷，扣10分		
合计			100			

否定项：若考生发生下列情况之一，则应及时终止其考核，考生该试题成绩记为零分。
（1）不服从现场工作人员或考评员的组织安排、扰乱考核秩序者，该项目以零分计，并驱逐出考场；
（2）不独立完成，按零分计

评分人：　　　　　年　月　日　　　　　　　　核分人：　　　　　年　月　日

[试题2] 检定DN20旋翼水表

考场准备：

序号	名称	规格	单位	数量	备注
1	旋翼水表	DN20	只	1	
2	水表检定装置	DN15～DN25单台位	套	1	
3	时钟		台	1	
4	检定记录表格		份	每人1	

考生准备：

（1）黑色或蓝色的签字笔；

（2）如需要眼镜自备。

考核内容：

（1）本题分值：100 分

（2）考核时间：40min

（3）考核形式：实际操作

（4）具体考核要求

① 在指定地点考试。

② 在规定时间内完成。

③ 考核要点按评分表。

（5）评分

配分与评分标准：

序号	考核内容	考核要点	配分	评分标准	扣分	得分
1	检定操作	检查水表外观、标志和封印	10	没有检查缺 1 项扣 4 分，该项扣完为止		
2		按要求检流量误差 3 点（密封性不检）	30	不规范 1 项扣 5 分，重复做一次扣 10 分		
3	记录	填写检定记录（使用专用记录表格）	40	不符合要求 1 项扣 5 分，该项扣完为止		
4	用时	40min	10	超时扣 10 分		
5	掌握程度	熟练程度和规范性（更改、不易于识别）	10	1. 不熟练扣 2～8 分； 2. 更改、不易于识别方面每有一处扣 2 分		
合计			100			

否定项：若考生发生下列情况之一，则应及时终止其考核，考生该试题成绩记为零分。

（1）不服从现场工作人员或考评员的组织安排、扰乱考核秩序者，该项目以零分计，并驱逐出考场；

（2）不独立完成，按零分计；

（3）损坏考试用设备和水表

评分人：　　　　　　　　年　月　　日　　　　　　　核分人：　　　　　　　　年　月　日

水表装修工（四级　中级工）

操作技能试题

[试题1] 拆装DN20旋翼水表计数器

考场准备：

序号	名称	规格	单位	数量	备注
1	计数器	20	只	1	每人
2	小螺丝起		个	1	需要时
3	桌子		张	1	
4	时钟		个	1	
5	教室		间	1	

考生准备：

如需要眼镜自备。

考核内容：

（1）本题分值：100分

（2）考核时间：20min

（3）考核形式：实际操作

（4）具体考核要求

① 在指定地点考试。

② 在规定时间内完成。

（5）评分

配分与评分标准：

序号	考核内容	考核要点	配分	评分标准	扣分	得分
1	拆方法	拆先后顺序，零件摆放	30	1. 错误1项扣5～10分； 2. 该项扣完为止		
2	装方法	装先后顺序，没有装错	50	1. 错误1项扣5～10分； 2. 扣完为止		
3	零件完好	不可以损坏零件		有零件损坏该项考试不及格		
4	用时	20min内完成	20	时间应控制在20min内，超过规定时间未完成者，考核中止，扣20分		
合计			100			

否定项：若考生发生下列情况之一，则应及时终止其考核，考生该试题成绩记为零分。

（1）不服从现场工作人员或考评员的组织安排、扰乱考核秩序者，该项目以零分计，并驱逐出考场；

（2）不独立完成，按零分计；

（3）故意损坏量具的按零分计

评分人：　　　　年　月　日　　　　　　核分人：　　　　年　月　日

[试题2] 检定DN20旋翼水表

考场准备：

序号	名称	规格	单位	数量	备注
1	旋翼水表	DN20	只	7	
2	水表检定装置	DN15～DN25 串联和单台	套	1	
3	时钟		台	1	
4	检定记录表格		份	每人1	

考生准备：

（1）黑色或蓝色的签字笔；

（2）如需要眼镜自备。

考核内容：

（1）本题分值：100分

（2）考核时间：40min

（3）考核形式：实际操作

（4）具体考核要求

① 在指定地点考试。

② 在规定时间内完成。

③ 项目要求参见配分与评分标准。

（5）评分

配分与评分标准：

序号	考核内容	考核要点	配分	评分标准	扣分	得分
1	检定操作	检查水表外观、标志和封印	10	没有检查缺1项扣4分，该项扣完为止		
2		按要求检流量误差2点（Q_3、Q_2）	20	不规范1项扣5分，重复做一次扣10分		
3		密封性检查	10	不规范1项扣5分，重复做一次扣10分		
4	记录	填写检定记录（使用专用记录表格）	40	不符合要求1项扣5分，该项扣完为止		
5	用时	40min	10	超时扣10分		
6	掌握程度	熟练程度和规范性（更改、不易于识别）	10	1. 不熟练扣2～8分； 2. 更改、不易于识别方面每有一处扣2分		
合计			100			

否定项：若考生发生下列情况之一，则应及时终止其考核，考生该试题成绩记为零分。

（1）不服从现场工作人员或考评员的组织安排、扰乱考核秩序者，该项目以零分计，并驱逐出考场；

（2）不独立完成，按零分计；

（3）损坏考试用设备和水表

评分人：　　　　年　月　日　　　　　　　　核分人：　　　　年　月　日

水表装修工（三级　高级工）

操作技能试题

[试题1] 分析检定DN20水表分界流量示值误差偏快可能原因

考场准备：

序号	名称	规格	单位	数量	备注
1	答题表	A3	份	1	
2	教室		间	1	
3	桌子			1	
4	椅子			1	
5	时钟			1	
6	水表检定装置	DN15～DN25	套	1	单台位

考生准备：

（1）黑色或蓝色的签字笔；

（2）如需要眼镜自备。

考核内容：

（1）本题分值：100分

（2）考核时间：20min

（3）考核形式：笔试

（4）具体考核要求

① 在指定地点先安排了解检定装置。

② 在规定时间内完成分析。

（5）评分

配分与评分标准：

序号	考核内容	考核要点	配分	评分标准	扣分	得分
1	表述误差产生原因	装置可能原因： 量筒漏水、阀门漏水、水表出水口漏水、压力不稳定、稳压罐无气垫	35	1. 错1项扣10分； 2. 漏1项扣10分； 3. 该项扣完为止		
		水表可能原因： 调节孔设置、叶轮盒对线、机芯线性	35	1. 错1项扣10分； 2. 漏1项扣10分； 3. 该项扣完为止		
		操作可能原因： 排气、流量设定、用水量、水温	20	1. 错1项扣10分； 2. 漏1项扣10分； 3. 该项扣完为止		

续表

序号	考核内容	考核要点	配分	评分标准	扣分	得分
2	用时	20min内完成	10	时间应控制在20min内，超过规定时间未完成者，考核中止，扣10分		
合计			100			

否定项：若考生发生下列情况之一，则应及时终止其考核，考生该试题成绩记为零分。
(1) 不服从现场工作人员或考评员的组织安排、扰乱考核秩序者，该项目以零分计，并驱逐出考场；
(2) 不独立完成，按零分计

评分人：　　　年　月　日　　　　　　　　核分人：　　　年　月　日

[试题2] 检测转子流量计瞬时流量点

考场准备：

序号	名称	规格	单位	数量	备注
1	水表检定装置	15～25	套	1	单台位
2	水表	DN20	个	1	
3	时钟		台	1	
4	秒表			1	
5	答题表			1	

考生准备：
(1) 黑色或蓝色的签字笔；
(2) 如需要眼镜自备。
考核内容：
(1) 本题分值：100分
(2) 考核时间：30min
(3) 考核形式：实际操作
(4) 具体考核要求
① 在指定地点考试。
② 在规定时间内完成。
(5) 评分
配分与评分标准：

序号	考核内容	考核要点	配分	评分标准	扣分	得分
1	检测DN20水表 Q_2 流量点对应转子流量计标识实际情况	操作流程正确性	20	1. 流程中每有1处错误扣5～10分； 2. 重复做扣10分		
2		数据获得正确性	20	2个数据有1个不正确扣10分		

续表

序号	考核内容	考核要点	配分	评分标准	扣分	得分
3	计算	根据测得数据在答题表上表述，包含计算结果和判定是否符合要求	40	不符合要求1项扣10～20分，该项扣完为止		
4	用时	30min	10	超时扣10分		
5	掌握程度	熟练程度和规范性（更改、不易于识别）	10	1. 不熟练扣2～5分； 2. 更改、不易于识别方面每有一处扣2分		
合计			100			

否定项：若考生发生下列情况之一，则应及时终止其考核，考生该试题成绩记为零分。

（1）不服从现场工作人员或考评员的组织安排、扰乱考核秩序者，该项目以零分计，并驱逐出考场；

（2）不独立完成，按零分计；

（3）损坏考试用设备和水表

评分人：　　年　月　日　　核分人：　　年　月　日

[试题3] 编制DN80～DN300水表密封性检查操作流程

考场准备：

序号	名称	规格	单位	数量	备注
1	密封性检查设备	80～300	套	1	
2	答题表		个	1	
3	桌子			1	
4	时钟		台	1	
5	教室		间	1	
6	椅子			1	

考生准备：

（1）黑色或蓝色的签字笔；

（2）如需要眼镜自备。

考核内容：

（1）本题分值：100分

（2）考核时间：20min

（3）考核形式：笔试

（4）具体考核要求

① 在指定地点考试。

② 在规定时间内完成。

（5）评分

配分与评分标准：

序号	考核内容	考核要点	配分	评分标准	扣分	得分
1	操作流程	流程合理	70	1. 流程错 1 项扣 10 分； 2. 每缺 1 个流程扣 20 分； 3. 该项扣完为止		
2	书写	书写要求整洁规范	20	1. 字迹工整、页面整洁、填写规范，否则扣 1～5 分； 2. 不规范涂改 1 次扣 2 分，规范涂改超过 3 次，每增加 1 次扣 2 分； 3. 该项扣完为止		
3	用时	20min 内完成	10	时间应控制在 20min 内，超过规定时间未完成者，考核中止，扣 10 分		
合计			100			

否定项：若考生发生下列情况之一，则应及时终止其考核，考生该试题成绩记为零分。

（1）不服从现场工作人员或考评员的组织安排、扰乱考核秩序者，该项目以零分计，并驱逐出考场；

（2）不独立完成，按零分计

评分人：　　　　　年　月　日　　　　　　　　　　核分人：　　　　　年　月　日

第三部分　参考答案

第1章　计　量　管　理

一、单选题

1. A　2. B　3. C　4. B　5. B　6. D　7. A　8. C　9. B　10. A
11. B　12. C　13. A　14. C　15. B　16. B　17. C　18. A　19. D　20. A
21. A　22. C　23. A　24. C　25. D　26. B　27. C　28. D　29. C　30. D
31. C　32. D　33. A　34. B　35. D　36. C　37. C　38. B　39. D　40. C
41. D　42. C　43. D

二、多选题

1. ABDE　2. CDE　3. ACDE　4. BCE　5. CDE　6. BCE
7. ABDE　8. BCE　9. AB　10. ABCD　11. BC　12. ACDE
13. ACDE　14. ABE　15. ABC　16. BDE　17. ABDE　18. ABCE
19. ABD　20. BC　21. CDE　22. ACE　23. CDE　24. ACD
25. AE　26. ABDE　27. BCDE　28. ABCDE　29. BCDE　30. ACDE
31. ABCD　32. BCD

三、判断题

1. √　2. √　3. √　4. √　5. √　6. √　7. √　8. √　9. √
10. √　11. √　12. √　13. √　14. √

四、问答题

1.

序号	量的名称	单位名称	单位符号
1	长度	米	m
2	质量	千克	kg
3	时间	秒	s
4	电流	安【培】	A
5	热力学温度	开【尔文】	K
6	物质的量	摩【尔】	mol
7	发光强度	坎【德拉】	cd

2. (12.1＋12.2＋12.3＋12.0＋11.9＋11.9＋12.1＋12.2＋11.8＋12.5)/10＝12.1℃，

绝对误差=11.9−12.1=−0.2℃

引用误差=绝对误差/测量范围=−0.2/100=−0.2%

3.(180.85+180.82+180.80+180.90+180.84+180.88+180.92+180.85+180.80+180.82)/10=180.85g

4.0.13

5.0.05/$\sqrt{3}$=0.029L

6.测量重复性、水压对水表的影响、被测水表分辨率、启停法对水表的复合惯性影响、水表检定装置、水温对工作量器的影响、水温对水体积的影响。

7.人、机械、材料、方法、量器具、环境。

8.第一步：收集整理数据，一般要求在50个以上；

第二步：计算极差R，即数据中最大值与最小值之差；

第三步：对数据分组，包括确定组数、组距和组限；

第四步：编制数据频数统计表；

第五步：绘制频数分布直方图。

9.略

10.不确定度或准确度等级或最大允许误差。

第 2 章　电工与电子学基础

一、单选题

1. C　2. D　3. C　4. D　5. C　6. C　7. A　8. A　9. B　10. B
11. D　12. C　13. D　14. A　15. D　16. B　17. C　18. B　19. A　20. A

二、多选题

1. ABE　2. BCDE　3. ACDE　4. BCDE　5. BD　6. ABC　7. AB
8. ABD　9. ADE　10. BC　11. ADE　12. ABCD　13. ABC

三、判断题

1. √　2. ×　3. ×　4. √　5. ×　6. ×　7. ×　8. √

[解析]

2. 交流电流的大小是随时间变化的。
3. 串联电路中，流过每个电阻的电流均相等，各电阻上的电压与各电阻成正比。
5. 磁极间具有相互作用力，即同极相斥，异极相吸。
6. 电工学中，某点的电位等于电场力将单位正电荷从该点移动到参考点所做的功。
7. 在并联电路中，两个并联电阻的值 R 可以写成 $R_1 \cdot R_2/(R_1+R_2)$。

四、问答题

1. 根据电阻并联公式得：
$R=(300\times150)/(300+150)=100\Omega$

2. $R_{总}=R_1+R_2=V/I=36/2.4=15\Omega$，$R_2=V_2/I=12/2.4=5\Omega$，$R_1=R_{总}-R_2=15-5=10\Omega$

3. $R_{12}=R_1+R_2=2+3=5\Omega$
$R_{125}=(R_{12}\times R_5)/(R_{12}+R_5)=(5\times6)/(5+6)=2.7\Omega$
$R_{1235}=R_{125}+R_3=2.7+4=6.7\Omega$
$R_{AB}=R_{1235}/R_4=(R_{1235}\times R_4)/(R_{1235}+R_4)=(6.7\times5)/(6.7+5)=2.9\Omega$

4. ①首先，求出这些电阻的等效电阻的阻值。
② 其次，运用欧姆定律求出总电流。
③ 最后，应用电流分流公式和电压分压公式，分别求出各电阻上的电压值和电流值。

5. 利用电阻串联的分压特点，将两个灯泡分别串联上 R_3 和 R_4 再予以并联，然后接上电源，下面分别求 R_3 和 R_4 的额定值。

① R_3两端的电压：$U_3=U-U_1=12-6=6V$

R_3的阻值：$R_3=U_3/I_1=6/0.5=12\Omega$

R_3的额定功率：$P_3=U_3I_3=6\times0.5=3W$

R_3应选择“12Ω3W”的电阻

② R_4两端的电压：$U_4=U-U_2=12-5=7V$

R_4的阻值：$R_4=U_4/I_2=7/1=7\Omega$

R_4的额定功率：$P_4=U_4I_2=7\times1=7W$

R_4应选择“7Ω7W”的电阻

6. 一个不圆整的不锈钢片在通电小线圈下转动，使得小线圈磁通发生变化，当电子线路获得一个变化信号代表一定水量就可以连续累加获得总水量，从而实现水表机械转动转化成电信号。

第3章　机　械　基　础

一、单选题

1. A　2. B　3. D　4. D　5. A　6. B　7. B　8. C　9. D　10. C
11. C　12. B　13. A　14. D　15. C　16. A　17. D　18. B　19. C　20. D
21. C　22. C　23. B　24. B　25. A　26. A　27. B　28. A　29. D　30. C
31. A　32. D　33. D　34. B　35. A　36. C　37. D　38. D　39. D　40. B
41. C　42. A　43. C　44. D　45. C　46. A　47. C　48. B　49. D　50. D

二、多选题

1. BCD　2. DE　3. AE　4. ABC　5. ABC　6. AE
7. ABC　8. ACDE　9. ABCD　10. ABC　11. ABCD　12. ABCE
13. ABCD　14. ABC　15. ABCD　16. ABE　17. ABD　18. ABE
19. ACD　20. ACE　21. ABCDE　22. ABE　23. ACE　24. AB
25. CE　26. ACDE　27. ABE　28. CD　29. CDE　30. ABCDE
31. AB　32. AE　33. ACE　34. BCDE　35. CDE　36. ABCD
37. ABCE　38. ACDE

三、判断题

1. √　2. ×　3. √　4. √　5. ×　6. ×　7. √　8. √　9. √　10. √
11. √　12. ×　13. √　14. √　15. √　16. √　17. ×　18. √　19. ×　20. ×
21. ×　22. √　23. ×　24. ×

[解析]

2. 机械传动是机械的核心，它主要有机械传动、液压传动、气压传动和电动传动四种传动方式。

5. 比例是图中图形与其实物相应要素的线性尺寸之比。

6. 同一物体的各视图应采用同一比例，如某一视图采用不同比例时，应在该视图的上方另行标注。

12. 国家标准中规定，常用表面粗糙度评定参数有轮廓算数平均偏差（R_a）、微观不平度十点高度（R_z）和轮廓最大高度（R_y），一般情况下，轮廓算数平均偏差（R_a）为最常用的评定参数。

17. 根据齿轮传动轴的相对位置，可将齿轮传动分为两大类，即平面齿轮传动（两轴平行）与空间齿轮传动（两轴不平行）。

19. 在机械制造过程中，用于加工零件的图样是零件图，它在图形上标注了零件大小的尺寸，以及公差、表面粗糙度等技术要求，它能满足生产制造的要求。

20. 机械制图中，剖面图和剖视图的不同在于，前者仅画出机件断面的图形，而后者则画出剖切后所有部分的投影。

21. 机械制图中，一张完整的零件图包含一组图形、完整的尺寸、必要的技术要求和填写完整的标题栏等四方面内容。

23. 机械制图中标注尺寸时，不允许出现封闭的尺寸链。封闭的尺寸链，就是头尾相接，绕成一整圈的一组尺寸，为避免封闭尺寸链，可以选择一个不重要的尺寸不予标出，尺寸链留有开口。

24. 机械制造中，为保证零件具有互换性，应对其尺寸规定一个允许变动的范围，即允许尺寸的变动量，称为尺寸公差。

四、问答题

1. ①首先，看游标卡尺的副尺“0”刻度线处相对主尺刻度的位置，副尺“0”刻度线左侧最近的主尺刻度线的示值，就是表示零件长度整数部分的尺寸数值；

②其次，再读取副尺和主尺刻度线重合度最高位置处的副尺上刻度线的示值，也就是零件长度小数部分的尺寸数值；

③ 将读取的零件长度的整数部分和小数部分相加，得到其零件长度值。

2. ① LXS-15 表壳中心孔的公差 $T_h = |L_{max} - L_{min}| = |0.07-(-0.05)| = 0.12mm$

② 叶轮轴的最大直径=2.07mm，最小直径=1.98mm

3. i=22.5，减速传递

第 4 章　工程材料基础知识

一、单选题

1. C	2. C	3. C	4. D	5. B	6. D	7. D	8. B	9. C	10. D
11. D	12. B	13. A	14. A	15. C	16. B	17. D	18. A	19. B	20. A
21. A	22. D	23. A	24. C	25. C	26. C	27. C	28. D	29. B	30. B
31. D	32. A	33. B	34. C	35. D	36. D	37. B	38. A	39. D	40. A
41. A	42. B	43. B	44. B	45. D	46. D	47. D			

二、多选题

1. DE	2. ABCD	3. ACDE	4. CDE	5. ABCD	6. ABC
7. AB	8. ABCD	9. AB	10. ABCDE	11. BCDE	12. ABCDE
13. ABCD	14. DE	15. ABCE	16. ABCD	17. ADE	18. BE
19. ACDE	20. CDE	21. DE	22. BCD	23. BCDE	24. ABCDE
25. BCD					

三、判断题

1. √　2. ×　3. ×　4. √　5. √　6. ×　7. √

[解析]

2. 塑料的基本性能主要决定于树脂的本性，但添加剂也起着重要作用。

3. 塑料制品耐热性较低。

6. 绝大多数塑料的摩擦系数较小，耐磨性好，具有消声和减振的作用。许多工程塑料制造的耐磨零件如齿轮、轴承就是利用了塑料这一特性。

四、问答题

1. ① 质量轻、比强度高
② 优良的电绝缘性能
③ 优良的化学稳定性
④ 耐磨
⑤ 透光和防护性能
⑥ 成型加工容易
⑦耐热性较低

2. 易燃：有机玻璃、ABS、聚乙烯、聚丙烯、聚甲醛

难燃：聚氯乙烯

不燃：聚四氟乙烯

3.① 传动角度，塑料件更适合水流流速较小的传动，而金属件因其转动惯量较大，较小流量无法推动其有效转动，而水流停止时又不能快速停转，导致计量不够精确；

② 经济角度，因为塑料较金属更易加工，加工成本低，且塑料成本较金属低；

③ 使用角度，水表零件中使用工程塑料，其力学性能良好，完全满足水表的日常使用；

④ 感官角度，塑料多以白色为主，并且不污染水质，感觉洁净卫生；

⑤ 一致性角度，塑料件多以注塑成型，零件一致性好，有利于水表性能一致。

第5章　水力学基础知识

一、单选题

1. C　2. A　3. C　4. C　5. C　6. B　7. C　8. A　9. C
10. C　11. A　12. A　13. C　14. C　15. A　16. B　17. D　18. C

二、多选题

1. ABD　2. AC　3. ABD　4. ABC　5. ABC　6. AC　7. ADE
8. ABD　9. ACDE

三、判断题

1. √　2. ×　3. √　4. √　5. ×　6. √　7. √　8. ×　9. ×　10. √　11. √

[解析]

2. 水的黏性一般是随着温度和压强的变化而变化的，实验表明，在低压情况下，压强的变化对水的黏性影响很小，一般可以忽略。

5. 水分子间的吸引力称为内聚力，水分子和固体壁面分子之间的吸引力称为附着力，当玻璃细管插入水中时，由于水的内聚力小于水同玻璃间的附着力，水将沿着壁面向上延伸，使水面向上弯曲成凹面。

8. 实际流体具有黏性，流动过程中变形运动产生内摩擦力，机械能不断地转化成热能而散失，机械能向热能转化符合能量守恒定律，但该过程是不可逆的。

9. 长直流道中流动通常为均匀流或渐变流，摩擦阻力沿流程均布，其大小与流程长度成正比。

四、问答题

1. $Re(水)=Vd/\gamma_1=(0.8\times0.1)/(1.5\times10^{-6})=53333>2000$，此时水流的流态为紊流流态；

$Re(油)=Vd/\gamma_2=(0.8\times0.1)/(50\times10^{-6})=1600<2000$，此时油层的流态为层流流态。

2. 见书中第114～116页，温度对水的黏性起到主要影响作用，水温越高水的黏度越小，反之则越大。参考书中公式(5-25)、公式(5-27a)和公式(5-27b)，经计算该批水表的 Q_2 流量下水流状态雷诺数 $Re=\frac{\frac{Q}{S}\cdot d}{\gamma}=510$，小于2000，属层流流态，且低温下水的黏度较大，阻尼变大，相同条件下流过同样体积的水量要增加流速才行，因此在该流量点下水表走快了，而 Q_3 流量下水流状态雷诺数大于 2000，属紊流流态，流体不规则运动，流场中各种量随时间和空间坐标发生紊乱变化，得到相对准确的平均值，因此紊流时温度变化对水表性能影响较小。

3. 调节阀放在其出水端较好，这样能确保进入转子流量计的为满管水，无漩涡，水流相对稳定，对流场影响最小。

4. 用气液增压缸对水表进行增压的密封性检测，其原理是帕斯卡能源守恒原理，即受压两端面的截面积之比等于其压强之倒数比，当受压面积由大变小时，则压强也会随之由小变大，从而达到将实验压力提高到数倍的压力效果。

第 6 章　水表及其技术要求

一、单选题

1. C　2. A　3. B　4. C　5. D　6. A　7. B　8. C　9. D　10. A
11. B　12. C　13. B　14. B　15. C　16. D　17. A　18. D　19. D　20. B
21. A　22. C　23. B　24. C　25. D　26. A　27. B　28. C　29. D　30. A
31. A　32. C　33. D　34. A　35. B　36. C　37. A　38. D　39. B　40. C
41. B　42. D　43. A　44. A　45. B　46. C　47. B　48. D　49. D　50. C
51. D　52. B　53. C　54. A　55. C　56. C　57. B　58. A　59. A　60. A
61. B　62. A　63. B　64. C　65. B　66. C　67. D　68. A　69. D　70. C
71. A　72. B　73. C　74. D　75. D　76. B　77. A　78. C　79. B　80. D
81. C　82. D　83. D　84. D　85. C　86. D　87. C　88. B　89. D　90. B

二、多选题

1. ACD　2. BCD　3. ABDE　4. ABC　5. ABDE　6. BCDE　7. CDE
8. ABCDE　9. ADE　10. BCE　11. ABCE　12. ABCD　13. ACDE　14. BD
15. BC　16. AB　17. ABC　18. ACD　19. ABDE　20. ABC　21. ABC
22. AB　23. BC　24. ACDE　25. ABCDE　26. ABCE　27. ABCDE　28. ABCE
29. ABCD　30. ABE　31. BDE　32. ABC　33. ACDE　34. ABC　35. BCD
36. ABCDE　37. AD　38. BCDE　39. ABC　40. BD　41. CD　42. ABCDE
43. ABCDE　44. ABCE　45. ABC　46. ABCDE　47. ABCDE　48. ABC　49. ABDE
50. ABCD　51. ABC　52. BDE　53. ABCD　54. ABC　55. ABCDE　56. BCE
57. ABD　58. ABCE　59. ACDE　60. BD

三、判断题

1. √　2. √　3. ×　4. √　5. √　6. ×　7. √　8. ×　9. ×　10. ×
11. ×　12. ×　13. √　14. √　15. ×　16. √　17. ×　18. √　19. ×　20. √
21. √　22. √　23. ×　24. ×　25. √　26. ×　27. √　28. ×　29. √　30. √
31. ×　32. √　33. √

[解析]

3. 湿式水表结构决定水表盘与管路是通的。

6. 湿式水表度盘与管路水连通有水正常。

8. 规则文号可以看出是强制执行的。

9. 后续检定密封性不检。

10. 容积法环境温度要求与其他方法不同。

11. 标准规定 T30 和 T50 都属于冷水表。

12. 如看不清楚计数无法检查。

15. 电子功能属于检定项目不可以抽检。

17. 重复性数值小代表量值相差小。

19. 使用中检查不属于检定，不适宜出具检定证书。

23. 准确度等级与 Q_3/Q_1 无关。

24. 也可以由自来水公司提出。

26. 在 $1.1Q_2 \geqslant Q \geqslant Q_2$ 范围内，不可以略小。

28. 字轮组结构决定不可以直接拨动。

31. 调试是指导生产。

四、问答题

1. 按水表编号规则要求就可以表述。

2. 写出常用机械式水表名称(都是速度式)；水表计量通过水流速推动……来实现。

3. 描述水表有很多专业俗语，通过分类描述可以准确简明……使说和听……

4. 选数值按……其余依据……计算出来。

5. 水表连接在管道上，自然应按……；应能看出比公称管道大出一个规格，而不是相等。

6. 写出对应的 4 项，其中后期检定中密封性检查不查。

7. 密封性和电子功能；示值误差。

8. $E_2=1.5\%$该表示值误差不合格，原因是三个流量点误差都超其 1/2，且在同一个方向。

9. 按压力损失计算公式计算。

10. 速比等于齿数反比积，$i=29.66$，计算灵敏针到 0.1L 位速比的倒数除以 6 得$Q=0.01405$L。

11. 按极差法计算，$S=0.41\%$，$2\%/3=0.67\%>0.41\%$，所以符合要求。

12. 按重复性要求和计算公式可以获得最大允许相差值。

第7章　电子水表及远传输出装置

一、单选题

1. D　2. B　3. C　4. C　5. C　6. A　7. A　8. D　9. B　10. C
11. D　12. A　13. D　14. B　15. C　16. D　17. B　18. A　19. B　20. D
21. C　22. D　23. B　24. A　25. C　26. B　27. D　28. B　29. C　30. A
31. B　32. B　33. D　34. C　35. B　36. A　37. B　38. D　39. B　40. A
41. B　42. C　43. A　44. D　45. B　46. C　47. C

二、多选题

1. AB　2. BCDE　3. ACDE　4. ACE　5. BCDE　6. ABCDE　7. ABE
8. ABCDE　9. ABC　10. BCD　11. ABCDE　12. ABC　13. ABDE　14. BDE
15. ABE　16. BCD　17. ABCD　18. ABD　19. ABCDE　20. BCD　21. AB
22. BC　23. ACDE　24. ACDE　25. BCDE　26. ABC　27. CDE

三、判断题

1. ×　2. √　3. ×　4. ×　5. √　6. √　7. √　8. ×　9. √　10. √
11. √　12. ×　13. ×　14. √　15. √　16. √　17. √　18. √　19. ×　20. ×
21. √　22. ×　23. ×

[解析]

1. 衬里要用绝缘材料。
3. 属于导电率较低的纯净水，不能测量。
4. 对水流线速度有要求，越低越不容易检测到，所以测量精度会越低。
8. 易出现气体，不利于检测精度。
12. 振动会影响测量精度。
13. 远传水表和预付费水表不是一个概念。
19. 是通过改变励磁间隔来节省电能。
20. 流速与测量精度密切相关。
22. 超声波不受导电率影响。
23. 要安装在致密的金属管道上。

四、问答题

1. 根据 $q=\pi D^2 v/4$ 计算其中 D，取不小于计算数的公称口径整数。

2. ①根据用水量特性选择口径；②根据使用要求确定一体式或分体式或远传式；③根据自来水压力选择法兰公称压力；④根据自来水温度确定内衬材料；⑤根据被测介质确定电极材料。

3. 参见教材该部分内容。

4. 参见教材故障分析部分内容。

5. 参见教材 IC 卡水表的工作过程。

第8章　水表检测设备

一、单选题

1. D	2. D	3. B	4. D	5. D	6. C	7. D	8. D	9. D	10. B
11. D	12. A	13. D	14. D	15. B	16. D	17. C	18. B	19. D	20. D
21. D	22. A	23. B	24. C	25. D	26. A	27. D	28. D	29. C	30. D
31. A	32. D	33. D	34. D	35. B	36. C	37. A	38. D	39. C	40. B
41. A	42. B	43. C	44. A	45. C	46. D				

二、多选题

1. ABC	2. BCD	3. ABC	4. ABCD	5. ABCDE	6. ABCDE
7. BCD	8. ACDE	9. BCD	10. ABD	11. ABCDE	12. ABCDE
13. ABCD	14. ABCDE	15. ABCD	16. BCD	17. ABCD	18. ABDE
19. BC	20. ABCE	21. ABCDE	22. ABCE	23. BCD	24. ABCDE
25. ABDE	26. ABCDE	27. BCE			

三、判断题

1. √	2. √	3. √	4. ×	5. ×	6. √	7. √	8. ×	9. √	10. √
11. √	12. √	13. ×	14. √	15. ×	16. ×	17. √	18. √	19. √	20. ×

［解析］

4. 换向法用于收集法。

5. 按口径需要分段做。

8. 作为稳压气垫用，不能放掉。

13. 快速增压会损坏水表或设备。

15. 是引用误差。

16. 自行评定可以及时发现存在问题。

20. 规程规定由水表生产单位提供。

四、问答题

1. 启停指水表，静态指标准量器，各自在检定水表过程工作状况。

2. 容易智能化获取标准量器数据，用水量可以任意设置，工作效率高。

3. $20\times(1-0.015)=19.7$L，显示1.5%是量筒里水少1.5%。

4. 开式是接水端动作。闭式是出水端动作。选开式。

5. 采用摄像法，在水表上端安装摄像系统，与换向器联动，同步读取水表检定时起止读数。

6. ①采用水塔供水；但目前全国自来水公司极少采用。②变频泵加稳压罐供水，需要选用优质变频器和稳定耐用的变频泵，并且变频器要设定水压变化能平稳过渡和切换；稳压罐设计合理，使用正确；在装置进水端再增加一个小型稳压罐，实现三级稳压。③选用先进的变频泵（进口，较贵）直接向装置供水，不用稳压罐，目前多用于大表。④采用活塞式检定装置，利用活塞稳定匀速推进，目前多用于小表。

7. 略

第 9 章　水表零件成型与检验

一、单选题

1. B　2. C　3. D　4. A　5. B　6. C　7. D　8. A　9. B　10. C
11. D　12. A　13. B　14. C　15. D　16. A　17. B　18. C　19. D　20. A
21. B　22. C　23. D　24. A　25. B　26. A　27. C　28. D　29. A　30. D
31. D　32. A　33. B　34. B　35. D　36. D　37. A　38. B　39. C　40. D
41. C　42. A　43. B　44. B　45. C　46. A　47. B　48. A　49. C

二、多选题

1. ABC　2. ACDE　3. ABCE　4. ABDE　5. ABCD　6. ABC
7. ABCDE　8. ABE　9. BCDE　10. ABCD　11. ABCDE　12. ABCE
13. ABCE　14. ABCDE　15. ABCDE　16. ABCDE　17. ABC　18. CDE
19. ABC　20. ABCDE　21. BD　22. ABCE　23. AC　24. CD
25. AC　26. ACE　27. ABCDE　28. CDE　29. BCE　30. BCD
31. ABCD　32. ACD　33. ABC　34. BC　35. ABCDE　36. ABCDE

三、判断题

1. ×　2. ×　3. √　4. ×　5. √　6. √　7. ×　8. ×　9. ×　10. √
11. √　12. √　13. √　14. √　15. ×　16. ×　17. ×　18. √　19. √　20. √

[解析]

1. 按塑料种类特性加温。
2. 与合模力有关。
4. 是放水里增加含水量。
7. 宜用较高注射速度，便于成型。
8. 冷却成型后取出。
9. 特种铸造一般与砂型无关。
15. 还要耐腐蚀、卫生、便于加工、经济等。
16. 较重，不易推动转动。
17. 要在旋转轴上测量跳动，游标卡只能测量静态尺寸。

四、问答题

1. ①塑化：粒料在料筒中预热熔化；②注塑：塑化好的熔料注入模具；③模塑：在背

压条件下熔料在模具中冷却定型；④脱模：从模具中取出制品和浇口。

2. 参见教材相关内容。

3. 参见教材第 237 页内容。

4. 根据 $M_{cp}=T/3U_1$ 计算，$M_{cp}<1.5$ 为不足。

5. 特点：定性检验出孔径尺寸公差和形位公差是否合格。检验效率高，适宜批量检验。操作：①选择被检尺寸的通止规，检查工作面是否清洁。②用“T”通规垂直插入孔，应依靠塞规的自重全部通端进入孔内，为合格。③再用“Z”止规垂直对正孔，止规不能通过孔，为合格；通过为不合格。④判定被检尺寸是否合格。

6. ①足够的强度，承受水压和安装受力；②有一定的耐大气和自来水腐蚀性能；③不能影响流经它的自来水水质；④制造成本低，经济。

7. 现在民用水表内部主要使用 ABS 和 PE 等工程塑料以及不锈钢。塑料没有生熟之分，有新料和回用料之分，正规企业全部采用新料生产。

8. 铁壳和铜壳用铜罩或不锈钢罩；塑料壳用塑料罩。

第10章　水表安装与维护

一、单选题

1. B　2. C　3. D　4. B　5. D　6. B　7. C　8. D　9. D　10. D
11. A　12. D　13. D　14. B　15. C　16. D　17. D　18. C　19. D　20. D
21. D　22. B　23. A　24. C　25. A　26. C　27. B　28. D　29. B　30. D

二、多选题

1. ABCDE　2. ABCDE　3. CD　4. ABCDE　5. ABCD　6. ABCDE
7. ABCE　8. ABCDE　9. BC　10. BCDE　11. BDE　12. ABCD
13. ABCD　14. ABCDE　15. BCDE　16. ABCE　17. ABC　18. ACDE

三、判断题

1. √　2. √　3. √　4. ×　5. ×　6. √　7. √　8. √　9. √
10. √　11. ×　12. ×　13. √　14. √　15. ×

[解析]

4. 多数情况下漏水是留在量筒里的水少于水表计量，会导致水表快。
5. 管道也都需要防冻。
11. 大口径压力损失大会对供水要求高，不经济。
12. 不核对会给后续使用带来麻烦。
15. 不用水自转是管道里有空气和压差导致。

四、问答题

1. 要选不怕晒不怕冻、对小流量计量无要求的，首选水平螺翼干式水表，考虑水中有杂物影响应匹配过滤器。

2. 工业用表总量比民用表少很多，用水量计量却比民用表多，远传系统投入较大，相比来说工业用表远传投入远比民用表远传投入要少很多，同时工业用表还能监测漏水，管理成本也少。故工业用表应优先采用远传表。

3. 考虑水平螺翼表自身特点，无过滤网，对直管段长度敏感。

4. 不用水自转，产生用量大数据，倒转，有时用量很少。在水表出水端安装单向阀。

5. 了解用户用水状况，该水表经过冬季被冻过已变慢，你家里极有可能有间歇性漏水，多关注抽水马桶和太阳能热水器状况，每周自己抄表看用水量是否与感受相符，在家可用称重法自测水表误差，在4%内就合格。

6. 常规水源管道沿公路排管，向水表供水管道常与公路垂直，DN40 水表符合上述情况，可以确定水源在表左侧公路上，从左侧供水给 DN80 表只有该表上端是进水端才合理，且这个位置也是 DN40 表供水端。所以现场 DN80 水流方向应是从上向下(图示位置)，水表安装与此相反，判定 DN80 表装反。后再经开 DN80 表上端阀门，关下端阀门，以及松开水表法兰观察水表法兰处喷水状态，如不变小可确认上端为进水端。

第 11 章　水表检定(生产)管理

一、单选题

1. B　2. D　3. A　4. B　5. C　6. A　7. D　8. D　9. A　10. A
11. B　12. C　13. D　14. D　15. A　16. B　17. D　18. C　19. D　20. D
21. A　22. D　23. D　24. D

二、多选题

1. ABE　2. ADE　3. ABDE　4. BDE　5. ABE　6. ACDE　7. ACD
8. BDE　9. ABCE　10. ABCE　11. BCDE　12. ABDE　13. ACDE　14. ABDE
15. ABCDE　16. ABC　17. ABCD　18. ABC　19. BCD　20. ABCE　21. BC

三、判断题

1. √　2. √　3. ×　4. ×　5. ×　6. √　7. √　8. ×　9. √

[解析]

3. 检定是评定水表是否合格。
4. 是书面告知水表不合格。
5. 不利于追溯。
8. 检定是对水表成品进行评定，生产是加工过程需要，两者装备不都一样。

四、问答题

1. 看表开关阀门读取量筒上误差值是近似值，看量筒开关阀门计算得出误差值是示值误差定义值。前者只用于单台位，方便。后者用于串联台和单台位，准确。

2. 参考教材表 11-1。

3. 按检定流程查检定员是如何检定的—再查质量监督员是如何评定的(包含抽检情况)—最后查放行交付为何会同意。一定能查出问题出在哪儿。加强检定员和质量监督员规范工作意识，质量监督员评定结果应由其他人员审定。

4. 根据水表检定规程要求民用表到期报废，不许维修(翻新)再用。所以表壳和机芯都是新的，并且机芯正规单位都是用新塑料做的。旧表壳和机芯拆开后按材料类别分类卖给物资再生部门破碎后再利用。

第12章　安全生产知识

一、单选题

1. D　2. D　3. A　4. C　5. A　6. C　7. C
8. A　9. C　10. D　11. A

二、多选题

1. ABDE　2. ABCD　3. ABCE　4. AD　5. ABCD　6. ABD
7. ACDE　8. ABCDE

三、判断题

1. √　2. √　3. √　4. √　5. √　6. √　7. ×　8. ×
9. ×　10. ×　11. √　12. √　13. √

[解析]

7. 按照事故的严重程度分类，可将企业职工伤亡事故分为特别重大事故、重大事故、较大事故和一般事故四个等级。

8. 为防御头部不受外来物体打击和其他因素危害而配备的个人防护装备有：防护帽、防尘帽、防寒帽、安全帽、护目镜、防静电帽等。

9. 在安全保护措施中，标识牌是用来警告工作人员此处危险、不准接近设备带电部分等，它可用木质或绝缘材料制作，悬挂在现场醒目位置。

10. 当安全事故发生时，安全生产监督管理部门和负有安全生产监督管理职责的有关部门逐级上报事故情况，每级上报的时间不得超过 2h，事故报告后出现新情况的，应当及时补报。

四、问答题

1. ① 特别重大事故、重大事故逐级上报至国务院安全生产监督管理部门和负有安全生产监督管理职责的有关部门；

② 较大事故逐级上报至省、自治区、直辖市人民政府安全生产监督管理部门和负有安全生产监督管理职责的有关部门；

③ 一般事故上报至设区的市级人民政府安全生产监督管理部门和负有安全生产监督管理职责的有关部门。

2. 按教材第 277 页内容。

3. 按教材第 277 页内容。

4. 在只有 DN300 调节阀开启时，先打开 DN100 调节阀，再关闭 DN300 调节阀，后关闭 DN100 调节阀。

5. 分两种情况，一种是产生大量喷水，这时如有条件应立即按下设备上的“紧急停止”按钮，如没有该功能，应立即关闭水表进水阀；另一种是喷水量小，影响面不大的情况，这时应首先停止正在检定水表的电脑程序，其次关闭待检水表的进水阀门，然后打开待检水表的出水端排空阀门，待水排空后，松开夹表直管段，查看喷水处的喷水原因并进行处置。以上两种情况在完成上述操作后如有水喷到配电设备等电气上时，均须立即拉下其总电闸，上报此次喷水事件，并立即通知设备安全员，查看被水淋湿的电气，按设备安全员要求进行处置，在满足要求后方可再次操作该装置。

水表装修工（五级　初级工）

理论知识试卷参考答案

一、单选题

1. B　2. C　3. A　4. A　5. C　6. C　7. D　8. A　9. B　10. C
11. C　12. C　13. D　14. A　15. B　16. D　17. A　18. D　19. A　20. C
21. D　22. B　23. A　24. C　25. D　26. B　27. A　28. A　29. C　30. C
31. A　32. C　33. C　34. A　35. B　36. C　37. C　38. A　39. C　40. D
41. B　42. D　43. B　44. B　45. C　46. D　47. B　48. A　49. A　50. C
51. D　52. D　53. D　54. B　55. D　56. A　57. D　58. C　59. C　60. A
61. A　62. C　63. C　64. C　65. A　66. C　67. B　68. C　69. B　70. C
71. A　72. D　73. A　74. B　75. D　76. A　77. A　78. C　79. B　80. C

二、判断题

1. √　2. √　3. ×　4. √　5. √　6. √　7. √　8. √　9. √
10. √　11. ×　12. ×　13. ×　14. √　15. √　16. ×　17. √　18. √
19. √　20. √

水表装修工(四级　中级工)

理论知识试卷参考答案

一、单选题

1. D	2. A	3. A	4. C	5. C	6. D	7. C	8. D	9. B	10. A
11. B	12. A	13. A	14. B	15. C	16. C	17. D	18. C	19. B	20. C
21. C	22. B	23. B	24. C	25. A	26. C	27. D	28. B	29. A	30. C
31. C	32. D	33. A	34. D	35. C	36. D	37. D	38. A	39. D	40. D
41. A	42. C	43. D	44. C	45. B	46. B	47. D	48. B	49. D	50. D
51. D	52. D	53. D	54. C	55. D	56. B	57. A	58. C	59. D	60. B
61. D	62. D	63. B	64. D	65. B	66. A	67. C	68. D	69. D	70. D
71. D	72. D	73. D	74. B	75. C	76. B	77. D	78. D	79. D	80. C

二、判断题

1. √	2. √	3. √	4. ×	5. ×	6. √	7. ×	8. √	9. ×
10. ×	11. ×	12. ×	13. √	14. √	15. √	16. ×	17. √	18. ×
19. ×	20. ×							

水表装修工(三级　高级工)

理论知识试卷参考答案

一、单选题

1. A	2. C	3. B	4. B	5. A	6. B	7. C	8. D	9. C	10. C
11. B	12. C	13. A	14. A	15. D	16. B	17. B	18. A	19. D	20. B
21. D	22. C	23. A	24. B	25. A	26. C	27. C	28. D	29. B	30. A
31. A	32. B	33. B	34. D	35. A	36. B	37. C	38. A	39. C	40. A
41. B	42. D	43. A	44. C	45. A	46. A	47. D	48. B	49. A	50. B
51. D	52. D	53. D	54. A	55. C	56. D	57. D	58. C	59. D	60. A

二、判断题

1. ×	2. √	3. ×	4. √	5. √	6. √	7. √	8. ×	9. √
10. ×	11. √	12. ×	13. ×	14. √	15. ×	16. √	17. ×	
18. ×	19. √	20. √						

三、多选题

1. ABCD	2. BCD	3. ABDE	4. ABCE	5. ABCDE	6. ACE
7. ABCE	8. ABCDE	9. BCDE	10. ACD